玩着玩着就变成iPhone 4S高手

■ 龙马工作室　编著

人 民 邮 电 出 版 社
北 京

图书在版编目（CIP）数据

玩着玩着就变成iPhone 4S高手 / 龙马工作室编著
. -- 北京 : 人民邮电出版社, 2012.10
ISBN 978-7-115-29352-7

Ⅰ. ①玩… Ⅱ. ①龙… Ⅲ. ①移动电话机－基本知识
Ⅳ. ①TN929.53

中国版本图书馆CIP数据核字(2012)第208590号

玩着玩着就变成 iPhone 4S 高手

◆ 编　　著　龙马工作室
责任编辑　张　翼

◆ 人民邮电出版社出版发行　　北京市崇文区夕照寺街 14 号
邮编　100061　　电子邮件　315@ptpress.com.cn
网址　http://www.ptpress.com.cn
北京画中画印刷有限公司印刷

◆ 开本：880×1230　1/24
印张：10.33
字数：257 千字　　2012 年 10 月第 1 版
印数：1- 3 500 册　　2012 年 10 月北京第 1 次印刷

ISBN 978-7-115-29352-7

定价：39.00 元

读者服务热线：(010) 67132692　印装质量热线：(010) 67129223
反盗版热线：(010) 67171154
广告经营许可证：京崇工商广字第 0021 号

内容提要

本书以实际应用为出发点，精选与 iPhone 4S 有关的 50 大秘技，帮助读者在玩的过程中迅速成长为 iPhone 4S 使用高手。

全书共包括 7 个部分。第 1 篇主要讲解了 iPhone 4S 在生活娱乐中的使用技巧，包括电子地图、音乐播放、游戏存档等；第 2 篇主要讲解了商务应用的相关技巧，包括通讯录、网络连接、邮箱、文档处理、数据共享等；第 3 篇主要讲解了系统的设置技巧，包括图标设置、系统常见故障处理、iCloud、照片流以及固件升级等；第 4 篇主要讲解了 iPhone 4S 的高级应用技巧，包括 SHSH 备份、完美越狱以及资料丢失问题处理等；第 5 篇主要讲解了与 iTunes 有关的使用技巧，包括 Apple ID 问题处理、软件故障处理、账号授权以及其他相关软件等；第 6 篇主要讲解了 iPhone 4S 的硬件问题，包括按键故障、充电故障、显示故障等；第 7 篇精心挑选了与 iPhone 4S 有关的 100 个常见问题，以问答的方式为读者提供权威的解决方案。

无论是 iPhone 4S 新手，还是已经对 iPhone 4S 有所了解的资深“果粉”，都能从本书中找到极具价值的修炼秘技，踏上全面玩转 iPhone 4S 的捷径。

序

第一次听说 Apple 产品令人吃惊的价位时，我根本就没打算购买。可当身边的潮人秀给我看的时候，我惊呆了。我被酷炫的手指操作所折服，我为其强大的功能而着迷。于是，我出手了。

几乎是一夜之间，“苹果”风靡全世界。iPhone 霸气来袭，令其他手机瞬间黯然失色，而 iPad 更是一举占领了平板电脑的大半河山。正如其广告词所言：再一次，改变一切。

数码时代来临了！

还记得好多科幻大片中的透明电脑吧？很轻很薄甚至是透明的那种。也许 iPhone 和 iPad 就是那种未来电脑的雏形。据专家预测，3 年内主流平板电脑的价格将降低到 1000 元左右。到那时，几乎就是人手一本了。

然而，技术革新的迅猛发展难免给人措手不及之感，各种由于使用不当而造成的笑话层出不穷。记得早些年电脑普及的时候，有人拿光驱架当咖啡杯托盘，还向售后人员抱怨产品质量不行，不结实！而现在使用各种设备上网的大小潮人们，分不清腾讯 QQ 和腾讯微博的也大有人在。

要跟得上、玩得转？那就永远不要停下学习的脚步。

跟随本书一起深入学习吧！本书能带给你快乐，解决你的问题，避免你的失误。

感谢人民邮电出版社的魏雪萍老师。没有他的指导，我根本无法完成本书的创作。
感谢腾讯公司为本书提供了极好的推广平台，并进行了大量的技术支持工作。
感谢我的创作团队，邓艳丽老师与我共同担任了主编，为本书的写作提供了清晰的脉络。此外，还有副主编李震先生和赵源源先生，文案处理乔娜，版式专家梁晓娟，资料搜集张高强，其他参与内容整理、筛选工作的朋友还有孔万里、陈小杰、陈芳、周奎奎、刘卫卫、祖兵新、彭超、李东颖、左琨、任芳、王杰鹏、崔姝怡、左花苹、刘锦源、普宁、王常吉、师鸣若等，他们都为本书倾尽了大量的心血。

最后，感谢亲爱的读者与我一起分享美好的时光。如果您在书中发现好的东西，请分享给您的朋友；如果发现不足的地方，请告诉我（电子邮箱：march98@163.com）。

孔长征
2012 年 7 月

前言

您手里拿着的这本书，倾注了我们所有的感情。

数码产品就像我们的朋友，我们由陌生到熟悉，再到形影不离，中间的"曲折"实在是一言难尽。

为了让更多的读者能够真正玩好各种数码装备，在众多同仁的支持下，我们把亲身经历过的这种痛苦而又甜蜜的"折腾"过程写了出来，遂成此书。

在这里，请允许我们的自我炫耀，因为我们实在不愿意看到，您和如此优秀的图书失之交臂。

仔细地阅读吧！希望在本书的帮助下，您能够顺利"玩转"手中的数码产品。

本书特色

不挑对象

无论您是刚刚接触 iPhone 4S 的新手，还是已经成为 iPhone 4S 使用高手，都能从本书中找到一个新的起点。

简单易学

以活泼的语言和图文并茂的形式对内容进行讲解，为您营造一个轻松愉悦的环境，同时在讲解的过程中还穿插介绍了各种实用技巧和趣味功能。

实用至上

充分考虑您的需求，从实用的角度出发，避开艰深的技术问题，让您真正用好、玩好。

珠玉互连

丰富的网络资源推荐，让您知道哪些地方好玩，哪些东西好用。

温馨提示

本书介绍的操作将要涉及 iPhone 4S、iPad 以及安装有 Windows 操作系统和 iTunes 软件的 PC。另外，为了使您在阅读时更准确地理解操作步骤，本书统一了操作用语。

“单击”

⑴ 在电脑中：用鼠标左键点击一次（这里的点击一次是指按下键和松开键这一整个过程）的动作称为“单击”，单击某个对象一般只是将对象选中，而不能将其打开。

⑵ 在 iPhone 4S 中：用手指点住对象后松开的过程称为“单击”，单击某个对象可以在选中的同时打开该对象。

“双击”

⑴ 在电脑中：用鼠标左键连续单击两次的动作称为“双击”。

⑵ 在 iPhone 4S 中：用手指连续单击对象两次称为“双击”。

网址时效

书中提到的软件下载地址可能会有所变更，给您带来的不便敬请见谅。

我的伙伴

本书由龙马工作室策划，邓艳丽、孔长征任主编，李震、赵源源任副主编，乔娜、梁晓娟和张高强等参与编著。参加资料搜集和整理工作的人员还有孔万里、陈小杰、陈芳、周奎奎、刘卫卫、祖兵新、彭超、李东颖、左琨、任芳、王杰鹏、崔姝怡、左花苹、刘锦源、普宁、王常吉、师鸣若等。

在编写本书的过程中，我们竭尽所能努力做到最好，但也难免有疏漏和不妥之处，恳请广大读者批评指正。若您在阅读过程中遇到困难或疑问，可以给我们发送电子邮件（march98@163.com），或在腾讯微博收听“24 小时玩转”进行在线交流。此外，您还可以登录我们的论坛网站（http://www.51pcbook.com），与众多朋友进行深入探讨。

本书责任编辑的电子邮箱为：zhangyi@ptpress.com.cn。

龙马工作室

目录

CONTENTS

第 1 篇

生活娱乐

在生活中畅享音乐、视频、游戏的快乐。用地图发现这个城市的另一片天地。

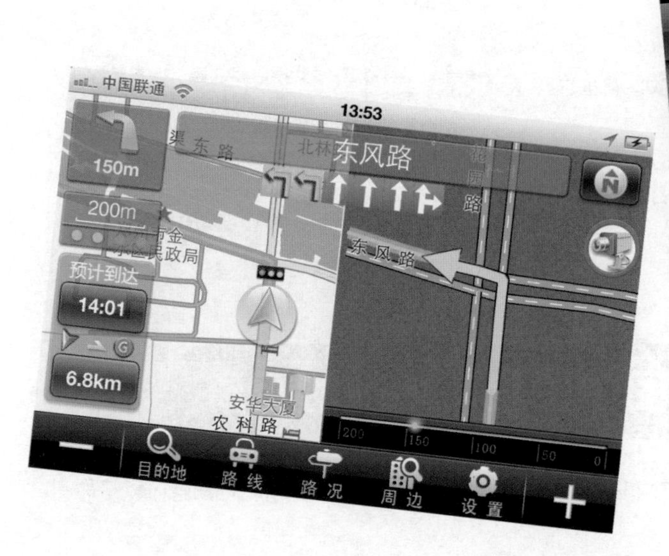

随心生活，快乐自我

秘技 01 猜，你喜欢这个地图

电子地图的种类有很多，猜，你喜欢带语音导航的地图，你喜欢没有网络的时候也能使用的地图，你喜欢能快速搜索到你周围吃、穿、玩的地图，你喜欢足不出户，也能了解当地风景市貌的地图，你喜欢……

地图名称	优点	缺点	亮点
谷歌地图	支持卫星地图、地形地图；路线规划有 3 种：公交车、自驾车、步行路线；显示起点与终点的实际距离和到达所需要的时间	不支持离线使用，导航路线方案提供的较少	支持多个地图形式，方便查看，到达目的地需要多长时间
高德导航	人机界面华美炫酷，数据新，操作简便	兴趣点较少	真实 3D 全景酷炫导航，实时交通信息与公交 / 地铁换乘
凯立德移动导航	数据最全面，更新速度最快，全程精准语音导航；操作简单，易上手	不支持横屏，界面略显粗糙	全程真人语音提示；全景 3D 建筑；完全本地导航，无需联网费用
图吧导航（2.5.1 版）	无流量地图导航、科学路线规划、精准定位、大城市实时路况免费提供	行车近至转弯点时，无声音提示，只能查看进度条	支持语音导航，3D 实景路口放大图，实时路况信息，海量兴趣点搜索
导航犬 2011	提供有功能强大的手机 GPS 语音导航系统，聚焦时实路况和车主服务	无 3D 效果，需要联网	提供 4 种方言语音导航，摄像头提示，周边查询

秘技 02 在 Google 地图中确定两地间的距离

出门旅行你想知道去的地方和你住的地方两地之间的距离是多少吗？这个 Google 地图就可以帮你办到。

❶ 单击图标，打开软件。

提示

路线概览条中 3 个图标分别是自驾车、公交车和徒步。根据不同的交通工具所给出的参考路线、距离、到达时间也不同。

❷ 单击【路线】按钮，在【终点：】文本框中输入终点位置名称（起点一般为当前位置，当然也可以手动输入其他的位置）。

❸ 单击【路线】按钮，即可查看从起点到终点的路线图，以及两地之间的距离。

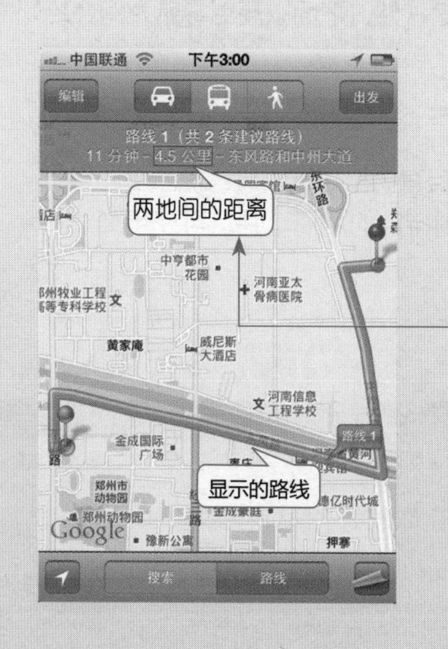

提示

若不知道终点位置的具体名称，可用一个手指按住屏幕上的终点位置不放，会出现一个大头针。此时地图会默认你所在的位置为起点，大头针标记的地方为终点，并显示出路线概览条。

❹ 单击大头针弹出终点位置的名称框，然后单击⊙图标，进入【简介】页面。

秘技 03 如何使用 iPhone 4S 导航

在 iPhone 4S 上安装导航软件，你可以很轻松地知道当前所在的具体位置以及前往目的地的最佳路线。你可以在手机上安装高德导航、凯立德导航以及图吧导航等软件。下面以高德导航为例介绍如何使用 iPhone 4S 导航。

高德导航软件在导航过程中不但有模拟导航、语音提示，还可以用来快速了解周边的环境，找到特定的场所，并且可使用离线地图，不需要网络。

01 车载导航

开车出去旅游或者外出办公时，将 iPhone 4S 作为导航仪，让你时刻了解你在哪里。iPhone 4S 作为车载导航仪，还需配备以下硬件设备。

硬件设备	作用
极效车充	可以为手机充电
车载支架	可以牢牢地吸在挡风玻璃上，卡槽设有加强海绵软垫，防滑、防震效果好
飞控触摸笔	防氧化金属材料，持久耐用，可提供舒适的操作手感；软质的橡胶笔头，精确的触控，也可在任何角度来轻松地输入资料，满足你高要求的文字输入

❶ 下载并安装高德导航软件后，单击主屏幕上的【高德导航】图标。

❷ 在【警告】界面单击【接收】按钮，即可进入地图界面，它将会自动定位并伴有语音提示。

❸ 单击【快搜】按钮。

❹ 在搜索框中输入想要去的地址，单击【搜索】按钮。

提示

不要吝啬流量，想要快速定位，需要开启 iPhone 4S 的网络，否则如果你身边正好高楼林立，则需要等待很久才能实现 GPS 定位。

❺ 搜索后根据提示选择正确的地址，然后在地图中将显示目的地。

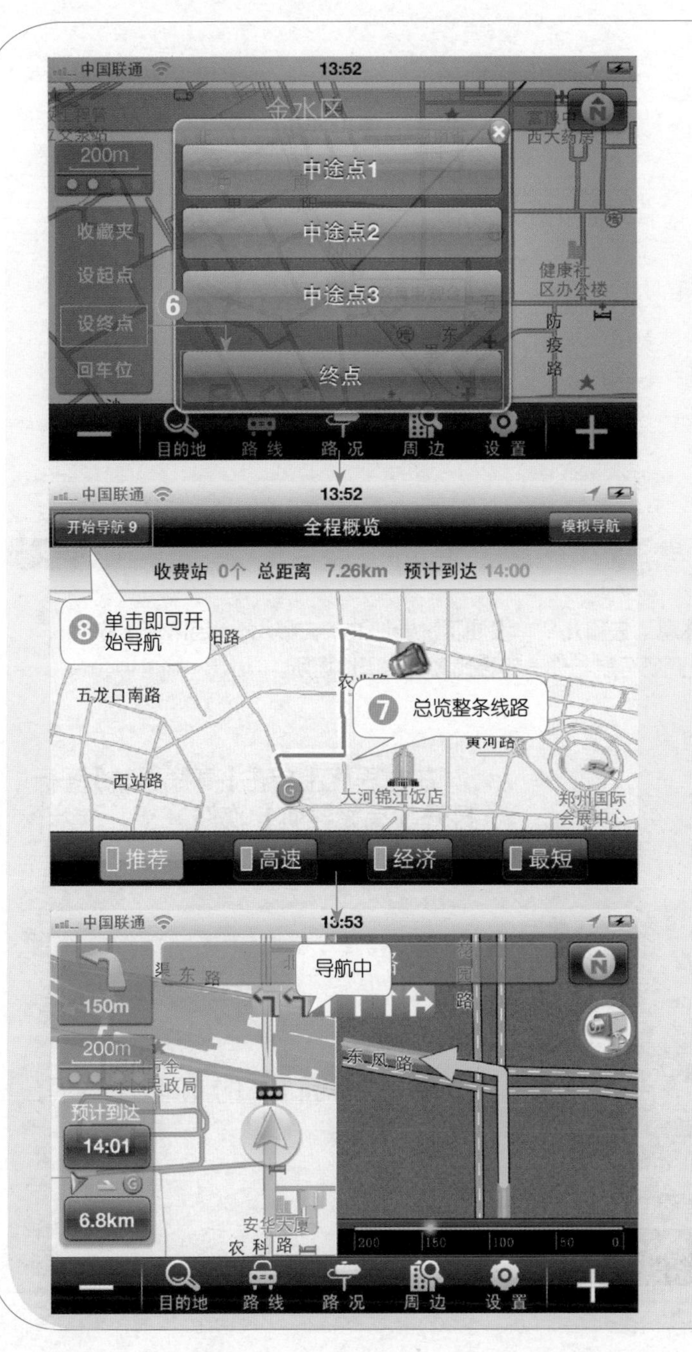

❻ 单击【设终点】按钮，在弹出的提示中单击【终点】按钮。

❼ 进入【全程概览】界面，可以查看整条路线。

❽ 单击【开始导航】按钮，即可开始为您导航，此时可以听到向左转、向右转等语音导航信息。

提示

单击导航界面底部的【目的地】按钮后，可以设置并选择【回家】或【回公司】的常用目的地地址，导航更方便。

02 快速找到周边场所

饿了，想吃饭，去哪儿？累了，想休息，去哪儿？车没油了，要加油，去哪儿……经常外出的朋友是不是曾有过这样那样的情况，别怕，高德导航与你一起寻找需要的周边场所。

❶ 在主界面上单击【高德导航】图标，打开【高德导航】软件。

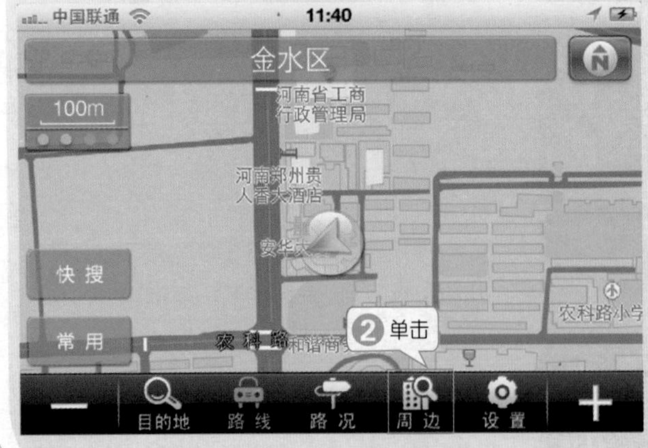

❷ 单击主界面下方的【周边】选项。

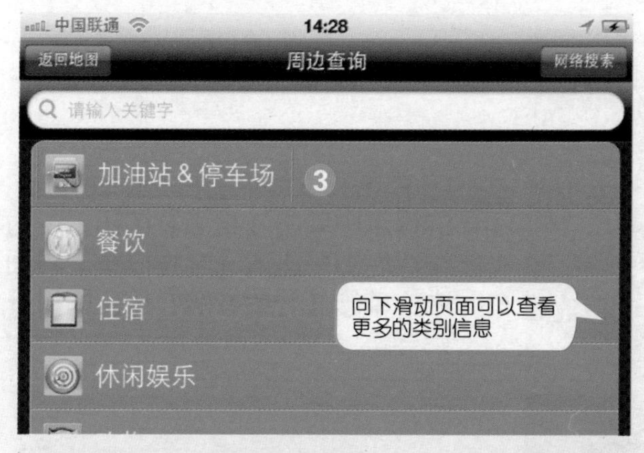

❸ 在【周边查询】列表中单击要了解的类别信息，这里单击【加油站 & 停车场】。

❹ 如果想前往加油站，可在【加油站 & 停车场】列表中单击【所有加油站】。

❺ 在所有加油站列表信息中单击加油站，这里选择【加油站（农业路）】。

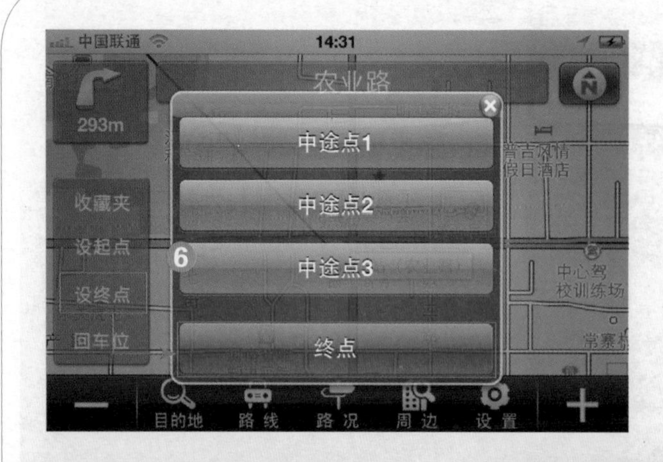

⑥ 单击【设终点】按钮，在弹出的提示中单击【终点】按钮。设为终点后即可进入【全程概览】界面中，单击【开始导航】按钮即可开始导航。

秘技 04 音乐怎么播放，都是自己喜欢听的

从计算机中同步到 iPhone 4S 的音乐太多了，有的时候就想听那几首歌，找歌曲换歌曲真麻烦！想听哪几首歌曲时，可以为它们搭建一个“窝”。

① 在打开音乐程序的首界面中，单击【添加播放列表...】按钮，弹出【新建播放列表】编辑框，输入播放列表名称，然后单击【存储】按钮即可。

❷ 在弹出的添加歌曲列表中单击歌曲右侧的⊕按钮，被选中的歌曲字体颜色以灰色状态显示。

❸ 添加完成之后，单击【完成】按钮，即可将歌曲添加到新建播放列表中。

❹ 单击【编辑】按钮，进入音乐列表的编辑界面，单击需要删除的歌曲左侧的⊖按钮，在右侧会出现删除按钮，单击删除按钮即可在此列表中删除不想听到的音乐。

❺ 单击+按钮还可以再次添加歌曲。

秘技 05 如何添加 iPhone 4S 不支持的视频格式

iPhone 4S 拥有十分优秀的屏幕，显示效果非常精彩，在这样的手机屏幕中观看电影绝对令旁人羡慕不已。但是现在有一个小小的问题：网上下载的电影多是 RMVB 格式的（当然也有 AVI、MP4 格式的）。可 iPhone 4S 不支持高清 RMVB 格式的视频，怎么办呢？" 这时我们可以将视频添加到迅雷看看中观看。

❶ 在 iPhone 4S 中下载并安装【迅雷看看】软件。

提示

用户也可以下载使用其他的播放器如 AVPlayer、Oplayer 等，均支持 RMVB、AVI 等格式的视频。

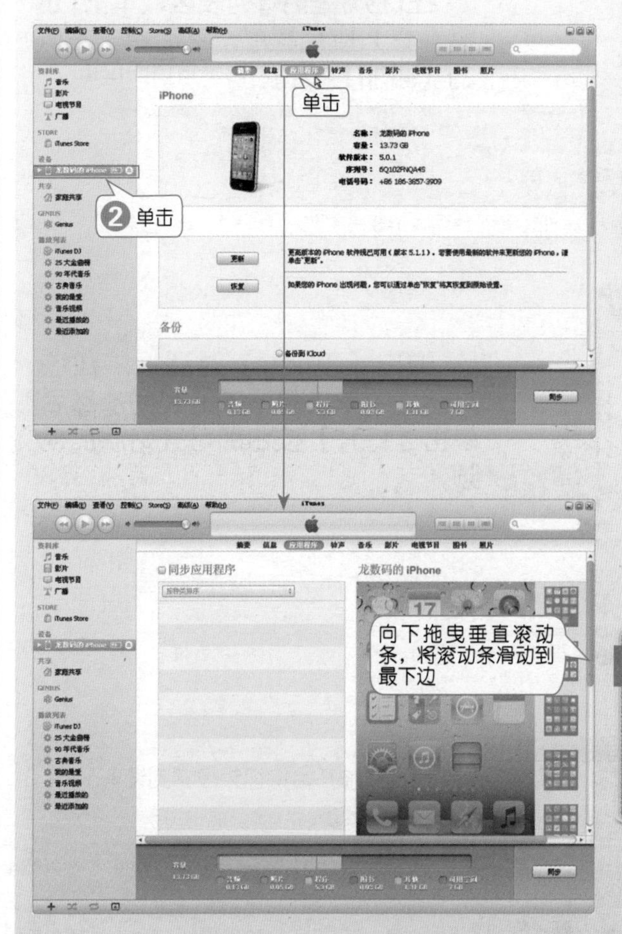

❷ 在电脑中下载并安装iTunes软件。打开 iTunes 软件，将 iPhone 4S 与电脑连接。在打开的 iTunes 界面中单击设备名称【龙数码的 iPhone】选项，然后单击【应用程序】选项。

提示

迅雷看看播放器支持多种视频格式，如 RMVB、MP4、AVI、3GP、WMV 等，并支持本地播放和在线播放。

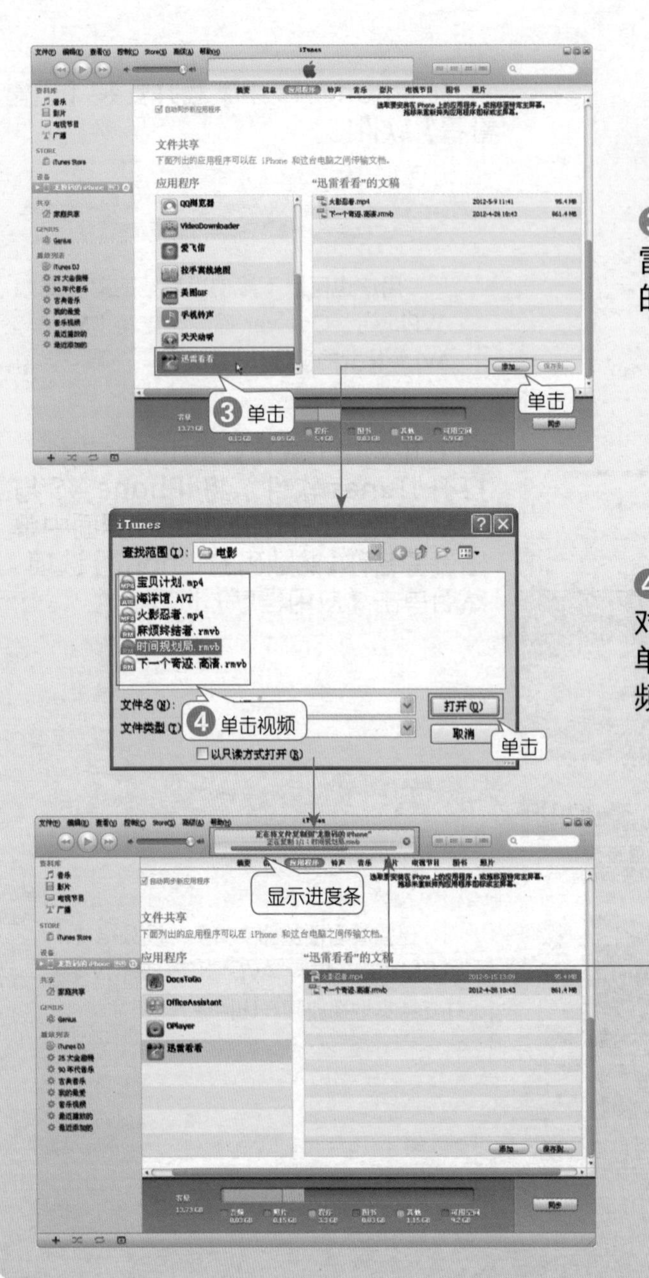

❸ 在【应用程序】列表区域单击【迅雷看看】应用程序，然后单击右侧的【添加】按钮。

❹ 弹出【iTunes】对话框，在该对话框中单击要添加的视频，然后单击【打开】按钮即可开始添加视频。

系统开始将视频复制到设备，并显示进度条。

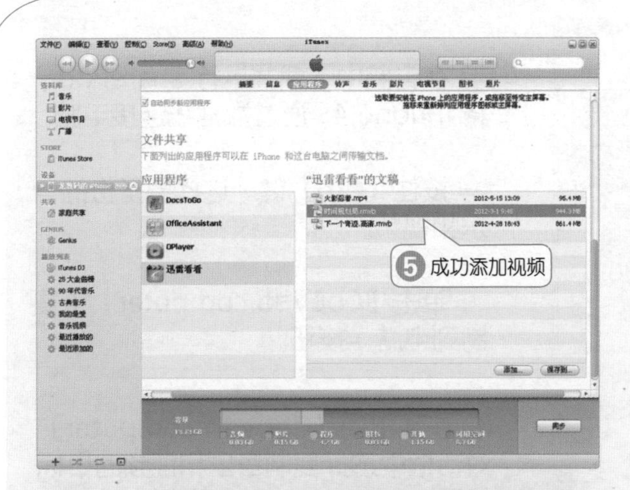

❺ 当所添加的视频文件出现在"迅雷看看"的文稿中，表示视频已添加成功。

提示

在 iPhone 4S 中打开迅雷看看播放器，并单击【本地】选项，可看到添加的视频，单击即可切换到播放界面。

秘技 06 彻底解决音乐、视频文件丢失的烦恼

音乐和视频又丢了，哎，又要重新下载了，太郁闷了。

如果你也遇到了上述的情况，那么请跟着下面的操作进行设置吧，让你彻底解决音乐和视频丢失的问题。

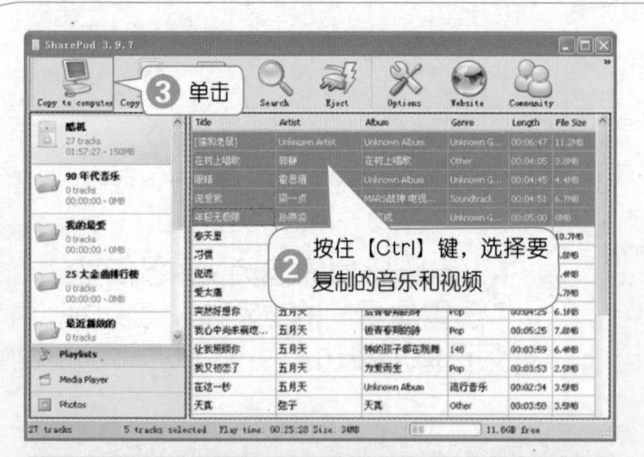

❶ 在电脑中下载并运行 SharePod，将 iPhone 4S 通过数据线连接电脑。

❷ 按住【Ctrl】键，选择要备份的音乐和视频。

❸ 单击【Copy to computer】（复制到电脑）按钮。

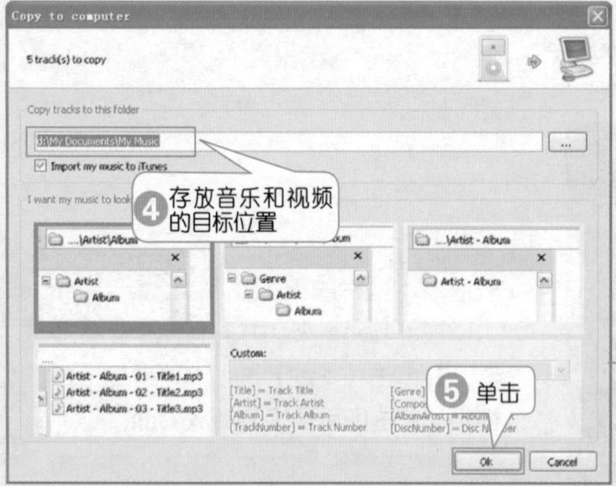

❹ 在弹出的【Copy to computer】对话框中选择复制音乐和视频的目标位置。

❺ 单击【OK】按钮。

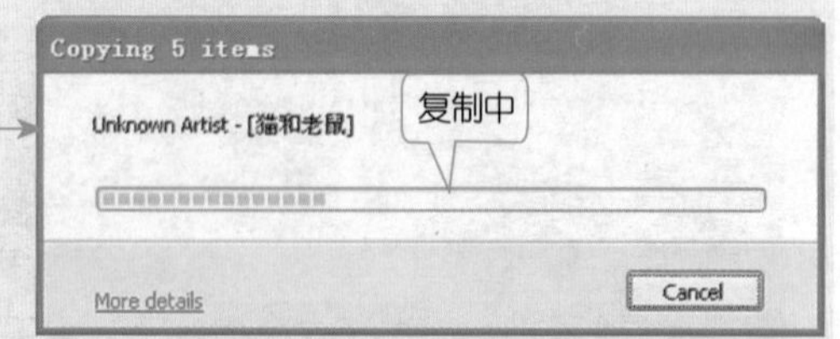

❻ 复制完成后，打开目标位置，即可看到复制过来的音乐和视频存放的文件夹。

当文件丢失时，我们就可以在电脑中启动 iTunes，然后在音乐备份文件夹中先搜索音乐文件，将其拖曳到资料库中，然后再搜索视频文件并将其拖曳到资料库中，这样就可以重新同步到 iPhone 4S 中了。

秘技 07 移花接木——游戏存档问题

你是不是在玩游戏的时候被一个关卡绊住了，费了九牛二虎之力也于事无补，只能用羡慕的眼光看着好朋友闯过去？

教你一招：使用移花接木的方法，把好朋友 iPhone 4S 上的那个游戏存档到你的 iPhone 4S 上，然后你就可以接着他的游戏进度玩了。

1. 导出游戏存档文件夹

① 在 PC 上安装 iTools，将 iPhone 4S 与 PC 相连。然后单击【应用程序】选项。

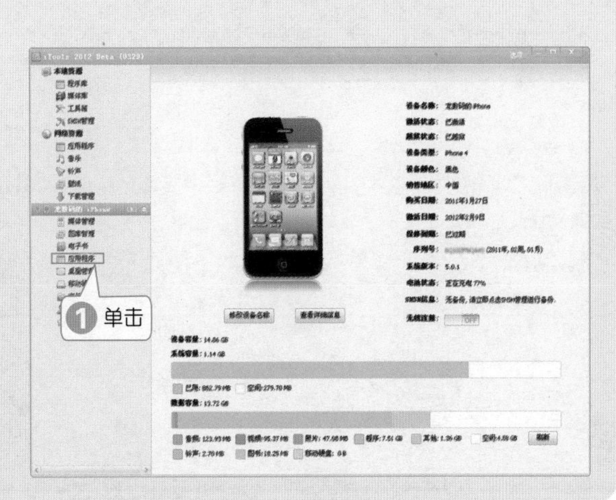

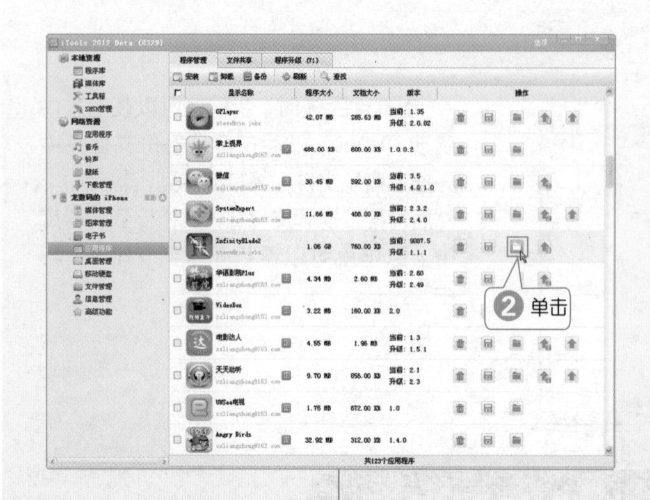

❷ 在【程序管理】界面中找到要存档的游戏，单击【文档管理】按钮。

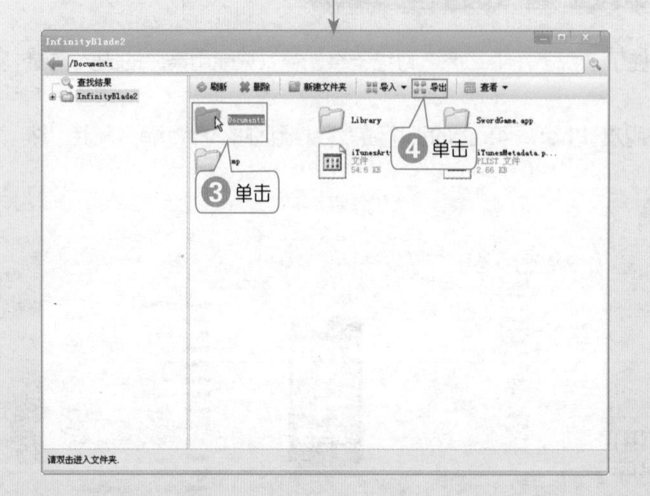

❸ 弹出 InfinityBlade2 界面，单击【Documents】文件夹。

❹ 单击【导出】按钮。

❺ 弹出【浏览文件夹】对话框，单击【我的文档】文件夹，然后单击【确定】按钮，即可导出游戏的存档文件夹。

2. 导入游戏存档文件夹

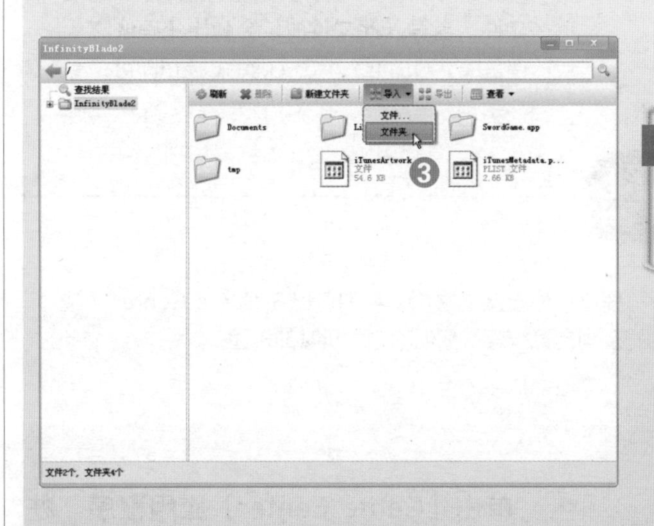

提示

步骤❶～❷可参考上一小节游戏存档文件夹的导出。

❸ 单击【导入】按钮，在弹出的下拉列表中选择【文件夹】选项。

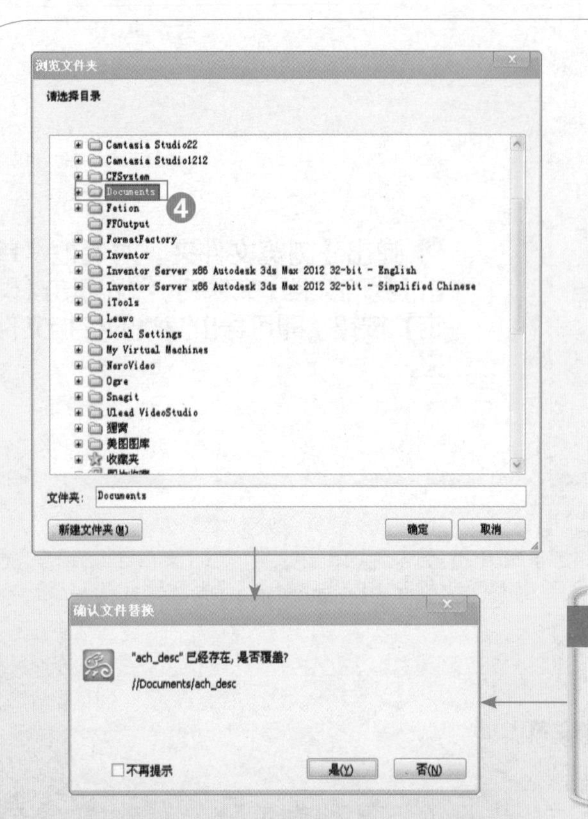

❹ 弹出【浏览文件夹】对话框，单击导出的【Documents】文件夹，然后单击【确定】按钮即可。

提示

Documents 文件夹是应用程序的存档文件，当导入此文件时，会弹出【确认文件替换】对话框。单击【确定】按钮即可。

秘技 08 Game Center

在 iPhone 4S 上有一个“Game Center”程序，连接网络之后，我们可以在 Game Center 中成倍地扩大社交游戏网络、与好友和即将结交的好友同台竞技等，我们称之为玩家的乐园。

❶ 单击【Game Center】应用程序，进入 Game Center 首界面。

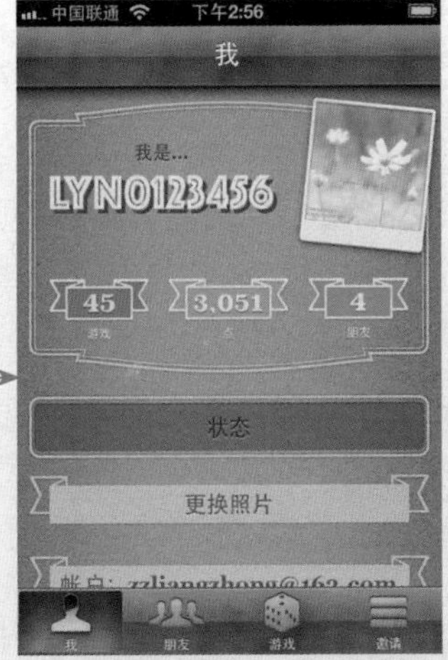

❷ 使用 Apple ID 登录到 Game Center 账户。首先输入 Apple ID 的账号和密码，然后单击【登录】按钮即可开始使用 Game Center。

提示

打开 Game Center 后，如果没有 Apple ID 或其他 Apple 账户，可以单击【创建新帐户】按钮来创建一个 Game Center 账户。

❸ 单击【朋友】图标，即可看到你的朋友上次所玩过的游戏，单击任意一个朋友可看到你和他共同的游戏以及他所拥有的游戏。

❹ 单击【游戏】图标，你可以看到你所玩过的游戏成绩及排名。

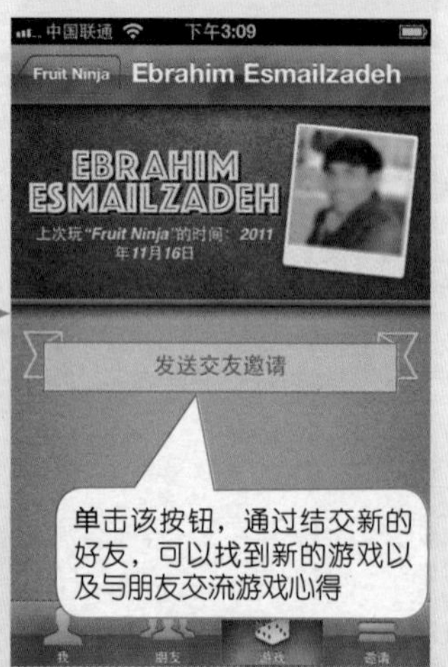

⑤单击【游戏推荐】栏，可以看到 Game Center 推荐的游戏并且有评分，可供玩家参考游戏的可玩性。单击【水果忍者】游戏栏，可看到详细的玩家列表。

提示

借助 Game Center，用户可以收发好友请求，可以邀请好友通过互联网参与多人游戏。除此之外，系统还可以自动为用户寻找游戏玩伴。用户可以在 Game Center 中看到游戏中的玩家排名和成绩，并且可以借助好友推荐来寻找新游戏。

秘技 09 寻找自己喜欢的游戏

不同年龄段、性别和性格的人，会喜欢不同的游戏，不管你是职场精英，还是温婉闲适的时尚佳人，只要你是游戏控，你就能在这里找到适合自己的游戏！

1. 安逸闯关族

01 人群特点

族人多为学生、老人等，游戏只为消磨时间，会跟随周围人去选择游戏，对繁琐的操作避而远之，喜欢简单上手的。对稀奇古怪的游戏内容不感兴趣，对游戏成就感要求比较少，打发时间、随遇而安，独自享受游戏带来的片刻闲暇。

02 适合游戏

棋牌射击类游戏、社区类游戏。

03 游戏推荐

游戏名称：五子棋（Simply Gomoku Online）
游戏类型：棋牌类
视觉效果：界面简单、画面清晰
游戏简介：
1．触摸屏幕并移动拇指，红色方框会随着移动，放开拇指，棋子将落在红色方框中。
2. 利用网络与老友对战，结识新朋友。

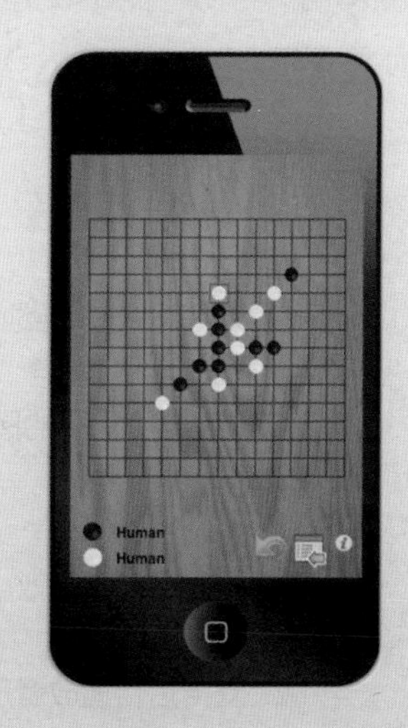

游戏名称：QQ 中国象棋

游戏类型：棋牌类

视觉效果：清新质朴，超炫的残影拖动走棋，振动吃子效果。

游戏简介：

1．清新竹林风以及优雅古朴的音乐，给人休闲舒适的感觉。

2．精雕细刻的棋盘棋子，让人沉静在中国象棋的乐趣中。

游戏名称：QQ 斗地主

游戏类型：棋牌类

视觉效果：华丽的图片，多而刺激的游戏音效和动画效果。

游戏简介：

1．强大的方言音效，将发送的聊天信息“说”出来。

2．支持后台播放音乐。

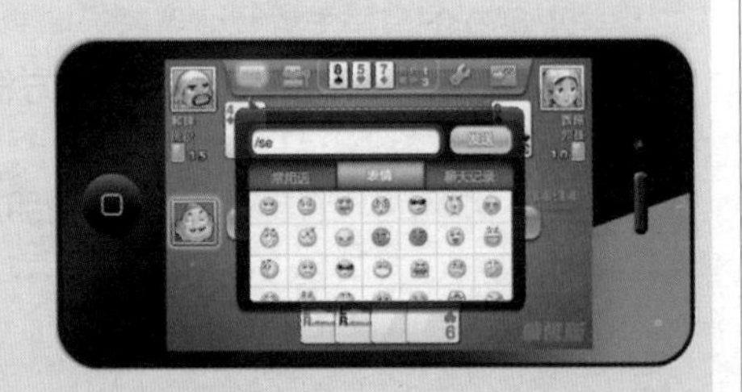

2. 时尚休闲族

01 人群特点

族人多为职场女性，喜欢音乐、SHOW，拥有时尚休闲的生活，个性鲜明，无论对游戏场景还是游戏人物都要求较高，追求时尚，喜欢独立完成游戏任务。

02 适合游戏

音乐舞蹈类
益智互动类
模拟经营类

03 游戏推荐

游戏名称：割绳子吃糖果（Cut the Rope Lite）
游戏类型：益智互动类
视觉效果：画面活泼，充满趣味
游戏简介：
1．轻松的音乐，缓解着玩家的精神状态。
2. 益智价值很高，操作简单，动手之前的思考很具挑战性。

游戏攻略：

冷静地思考，认识整个场景，再构思一个大概的路线，尽量用每一个机关，在打不开局面的情况下，不妨通过滑动、借力使力的方式制造机会，相信会有意想不到的效果。

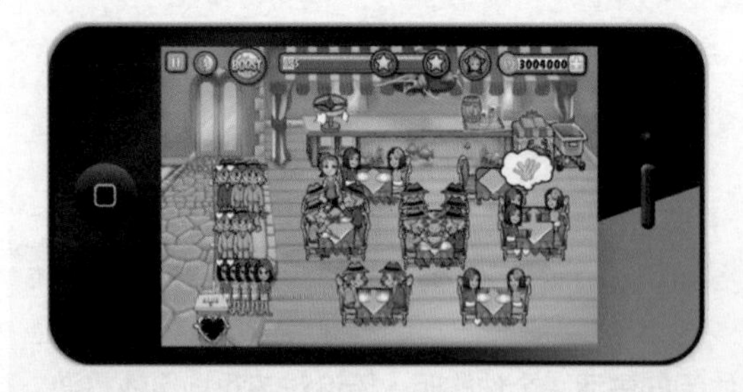

游戏名称：美女餐厅（Dinner Dash）
游戏类型：模拟经营类
视觉效果：画面活泼，充满趣味
游戏简介：

1．帮助精神十足的企业家弗洛，将她极具个人风格的餐馆从油腻小店变成五星级大餐厅。

2. 免费畅玩 7 个关卡，并可在游戏内以 40% 的折扣价升级为完整版。

游戏攻略：

游戏讲究速度、技巧和悟性，迅速安排客人入座、上菜和清理桌子，使等待的客人高兴，从而赚取大量小费，另外用美味的赠品安抚不耐烦的客人，以免他们发怒和不结账。利用轻敲、触碰和滑动等操作，使自己的餐厅迈向餐饮业务的高峰。

3. 竞争挑战族

01 人群特点

族人多为以男性为主，自由职业及学生比较多，喜欢挑战与自我超越，乐于享受生死一线的刺激和畅快淋漓的战斗感，愿意花时间练习游戏技巧和探索难关。

02 适合游戏

角色扮演类、动作类、射击类、竞技对战类

03 游戏推荐

游戏名称：无尽之剑 2（ Infinity Blade II）
游戏类型：角色扮演
视觉效果：虚拟 3D 带来了壮观的画面效果
游戏简介：

1．相比《无尽之剑》，《无尽之剑 2》更像一个完整的故事，一个英雄拯救世界的故事。

2. 玩家必须去探索隐藏在无尽之剑秘密背后的真相。当进一步深入探索这个到处具有不死之身的敌手及其同盟军泰坦的世界时，年轻赛里斯的神奇旅程将会由此继续展开。

游戏攻略：

控制人物移动和视角移动，寻找物品、金钱和宝箱等，在战斗过程中，可以通过操作实现砍杀、格挡、爆气、魔法和最后一击。同时，玩家也可以在战斗时获得经验和金钱，用于升级自身属性和购买装备，在与敌人打斗时，需根据附有不同属性的怪物选择装备。

游戏名称：现代战争 2：黑色飞马

游戏类型：射击

视觉效果：沙漠风暴的经典游戏画面

游戏简介：

1．是一款以现代战争为题材的第一人称射击游戏，游戏中玩家将加入美国陆军，搭乘黑鹰直升机到世界各地参与各个战场中，体验现代战争枪林雨弹的刺激感。

2. 支持多达 10 人在线和本地连线对战，可以选择战役、团队战、炸弹拆除和夺旗战 4 种战斗模式。

游戏攻略：

1. 玩家遭到伤害时，屏幕变红或布满血滴，可躲在一旁，生命值会自动恢复。

2. 在执行任务时，游戏中会有白色的标记，跟着标记方向走即可，非常清楚。

3. 迷路的时候可以按暂停键俯视地图。

4. 要及时躲开油桶、手雷、汽车、坦克等，避免一下子被炸死。

4. 急速沉迷族

01 人群特点

族人的游戏沉迷度高，多为了在游戏中体验各种乐趣，以达到掌握和征服的欲望，喜欢寻找与现实生活中不同的生活状况，展现自己个性的一面，但受现实状态的约束，自我游离在两种世界观之间。

02 适合游戏

对游戏掌握欲强，喜欢不断尝试新游戏但希望游戏比较快乐有趣，不要太刺激和复杂，喜欢轻松愉快、内容节奏缓慢的回合制游戏。

03 游戏推荐

游戏名称：Angry Birds Free(愤怒的小鸟)
游戏类型：回合制
视觉效果：卡通的 2D 画面
游戏简介：

1．游戏整体玩起来轻松、欢快。

2．为了报复偷走鸟蛋的绿皮猪们，鸟儿以自己的身体为武器，仿佛炮弹一样去攻击绿皮猪们的堡垒。

游戏攻略：

当黄色小鸟飞出去后在空中再点一下可以加速；当蓝色小鸟飞出后，再点一下可以分身；当黑色小鸟飞出后，再点一下会自动爆炸。

游戏名称：植物大战僵尸
游戏类型：回合制
视觉效果：清晰、炫丽，简单却不失美观
游戏简介：

1．这是中文版植物大战僵尸，是一款极富策略性的小游戏。可怕的僵尸即将入侵，唯一的防御方式就是栽种的植物。

2．游戏集成了即时战略、塔防御战和卡片收集等要素，游戏的内容就是：玩家控制植物，抵御僵尸的进攻，保护这片植物园。

游戏攻略：

先确定战略思想，然后靠战术将战略实现出来。战术范围包括很广，植物的搭配、战斗时的阵型、植物与僵尸相遇时是战是防这都属于战术的范畴。正确的战术能使玩家在战斗中胜利关键。选择正确的战术，需要先分析情况，再做出决定。

第 2 篇

商务应用

网络、邮箱和文档批示问题，手脑一动，轻松搞定。

创商务新天地，享独特新生活

秘技 10 通讯录问题

现象 1 将旧手机的通讯录转移至 iPhone 4S

换了新手机，转移通讯录是头等大事，逐个手动输入联系人是最花费时间的下下之选。除此之外，还有很多方便快捷的方法。

01 将非智能机的通讯录转移至 iPhone 4S

如果你以前的手机是非智能机，只要手机卡中存有通讯录（可提前将旧手机中的通讯录转移至 SIM 卡），将手机卡拆下并重新安装到 iPhone 4S 后（一般需要剪卡），即可将手机卡中的通讯录转移到 iPhone 4S。

❶ 将 SIM 卡装到手机后，开机返回主屏幕，单击【设置】图标。

❷ 进入【设置】界面，单击【邮件、通讯录、日历】选项。

❸ 进入【邮件、通讯录、日历】界面，单击【导入 SIM 卡通讯录】选项。

❹ 在弹出的对话框中选择通讯录保存的目标位置，即可将刚装的 SIM 卡中的通讯录成功转移到 iPhone 4S。

02 将智能机的通讯录转移至 iPhone 4S

如果你以前的手机是智能机，只要手机可以安装并使用“QQ 通讯录”软件，即可提前将手机中的通讯录备份至 QQ 通讯录，然后再在 iPhone 4S（需连接网络）中打开并登录 QQ 通讯录，将通讯录下载至 iPhone 4S。

❶ 在 iPhone 4S 中安装“QQ 通讯录”软件，然后在主屏幕中单击【QQ 通讯录】图标。

❷ 打开【QQ 通讯录】主界面， 在界面底部单击【设置】选项，然后在打开的【设置】界面中单击【账号管理】选项。

3 在【账号管理】界面中单击【QQ 账号】选项。

4 在【QQ 号验证】界面中单击【开始吧】按钮。

5 输入 QQ 号码和密码，完成后单击【验证】按钮。

6 登录 QQ 账号后会显示 QQ 号码，依次单击界面左上方的【账号管理】➤【设置】按钮返回软件主界面。

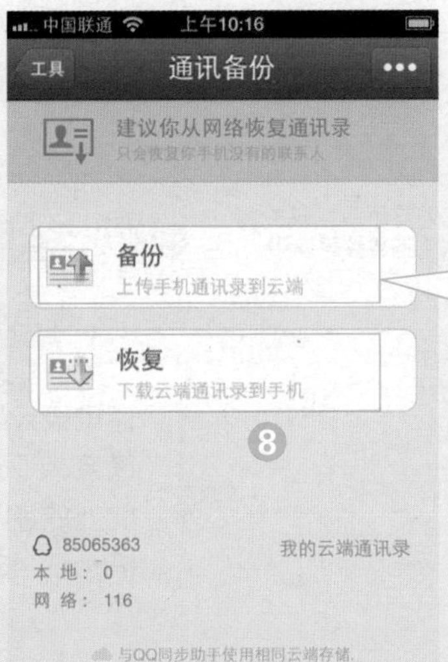

单击【备份】按钮，可以将 iPhone 4S 中的通讯录备份至 QQ 通讯录的云端

7 在软件主界面底部单击【工具】选项，然后在【工具】选项卡中单击【通讯备份】选项。

8 在【通讯备份】界面中单击【恢复】按钮。

显示从云端下载通讯录的进度

9 在弹出的提示框中单击【确认】按钮，即可开始从 QQ 通讯录的云端下载通讯录至 iPhone 4S。

提示

提前将旧手机中的通讯录备份到 QQ 通讯录云端，此处即可间接完成将通讯录从旧手机转移到 iPhone 4S 的过程。

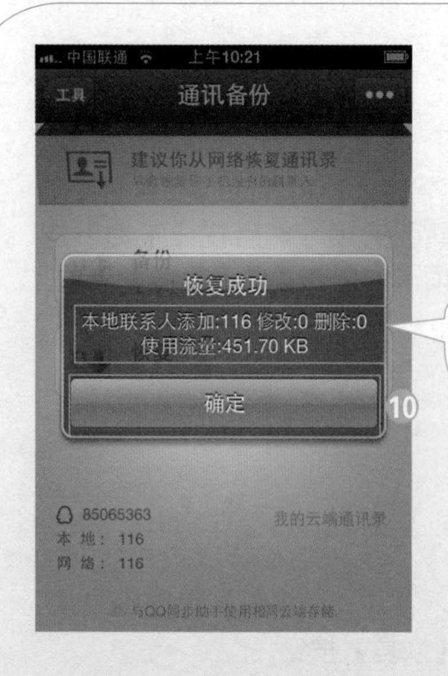

⑩ 等待片刻，在弹出的【恢复成功】对话框中单击【确定】按钮，即可完成通讯录从旧手机到 iPhone 4S 的转移。

提示

在电脑的 IE 浏览器地址栏中输入“http://ic.qq.com”，即可登录 QQ 通讯录云端，用 PC 管理、添加和删除联系人，还可以为联系人添加分组，此处的联系人分组同样可以被下载到 iPhone 4S 通讯录中。

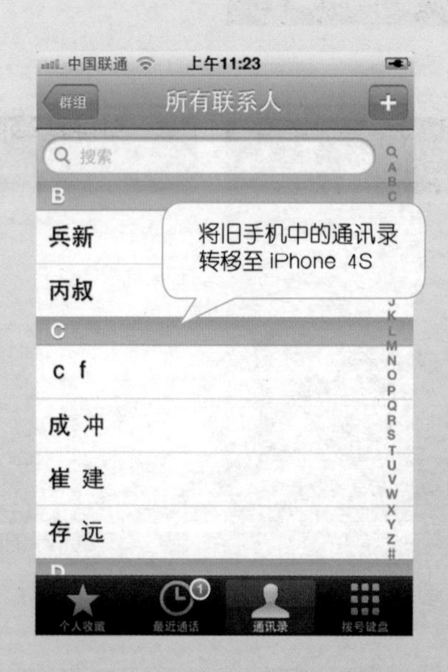

现象 2 让通讯录永不丢失

您是否因为丢失通讯录而烦恼过？您是否因管理手机和邮箱上的多个通讯录而感到不便？将通讯录放置到网络上，并实现网络和手机实时双向同步，就可以真正拥有永不丢失的通讯录。

01 备份手机通讯录到邮箱中

❶ 使用数据线将 iPhone 4S 与电脑连接，在电脑中启动 iTunes。

❷ 在 iTunes 中单击识别出的 iPhone 4S 名（龙数码的 iPhone）。

❸ 单击【信息】按钮。

❹ 勾选【同步通讯录】复选框。

❺ 单击【与】后的 ，在弹出的列表中选择【Google Contacts】选项。

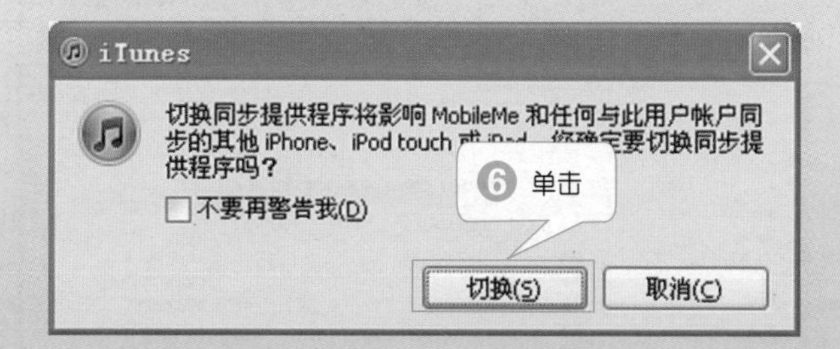

❻ 在弹出的【iTunes】对话框中单击【切换】按钮。

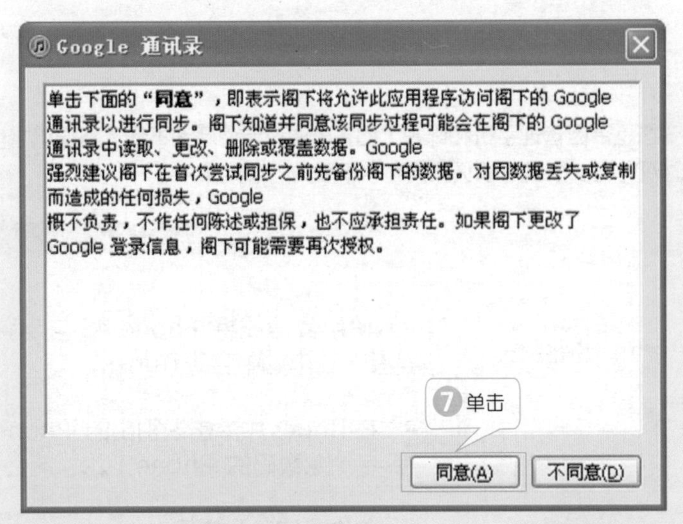

7 在弹出的【Google 通讯录】对话框中单击【同意】按钮。

Google 通讯录

8 输入 Gmail 账号和密码

请输入 Google ID 和密码：

Google ID：

密码：

输入账号和密码后，【确定】按钮将会被激活，然后单击

确定 取消(C)

8 输入已有的“Google”邮箱的账号和密码，然后单击【确定】按钮。连接邮箱后，单击【iTunes】界面中的【应用】按钮，即可同步通讯录到邮箱中。

9 在电脑中登录邮箱，单击【通讯录】选项，即可看到同步到邮箱中的通讯录了。根据需要，我们还可以直接在邮箱中添加新的联系人。

02 在 iPhone 4S 中使用邮箱通讯录

在邮箱中已经备份了通讯录，怎样才能将其应用到 iPhone 4S 中呢？

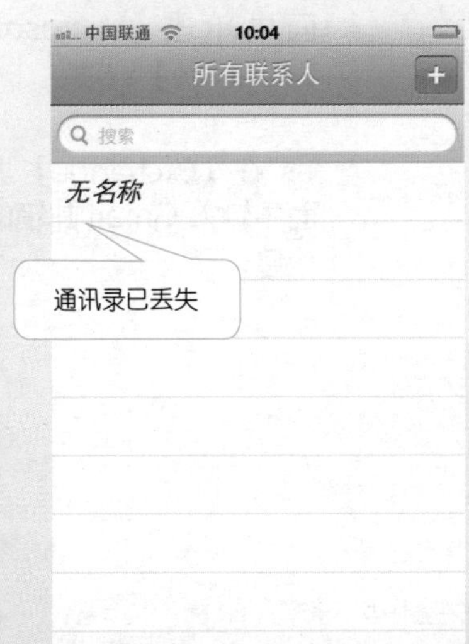

❶ 在 iPhone 4S 中单击【通讯录】图标，查看通讯录（此时通讯录已丢失），然后在主界面中单击【设置】图标。

❷ 在【设置】界面中单击【邮件、通讯录、日历】选项。

❸ 在【邮件、通讯录、日历】界面中单击【添加账户】选项。

❹ 在【添加账户】界面中单击【Microsoft Exchange】选项。

❺ 在【Exchange】界面中输入 Gmail 邮箱的信息。

❻ 信息输入完成后，单击【下一步】按钮。

⑦ 在显示的【服务器】选项中输入"m.google.com"，然后单击【下一步】按钮。

⑧ 关闭【邮件】选项，然后单击开启【通讯录】选项。

提示

关掉邮件，是因为有可能会导致出现乱码。

⑨ 在弹出的列表中单击【删除】按钮，然后再次单击【删除】按钮。

提示

如果你想保留 iPhone 4S 上现有的本地通讯录，可单击【保留在我的 iPhone 上】按钮。

⑩ 单击【存储】按钮，即可保存设置。

在 iPhone 4S 中打开通讯录，可以发现，已经将邮箱中的联系人恢复到手机中了。如果本机或 iCloud 中保存有通讯录，则会在左上方出现【群组】按钮，单击此按钮，可以在打开的界面中选择显示所有、本机、Exchange 或 iCloud 上的通讯录。

秘技 11 短信问题

现象 1 短信的群发

“一键群发”软件让你轻松创建和编辑用户群，同时可以让你一键给多个朋友发送信息。

① 在 iPhone 4S 中下载“一键群发”软件，然后单击该图标。

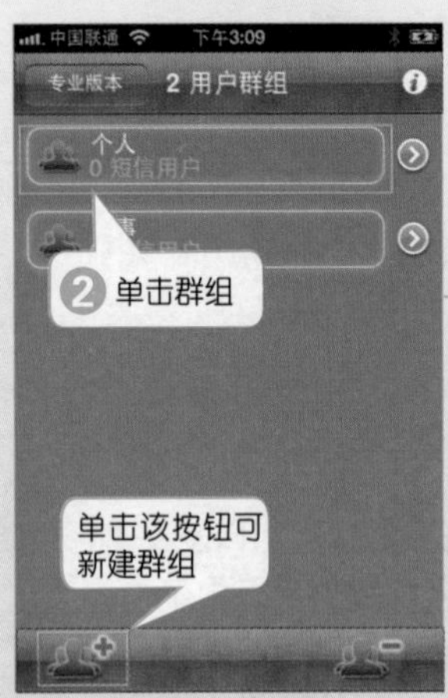

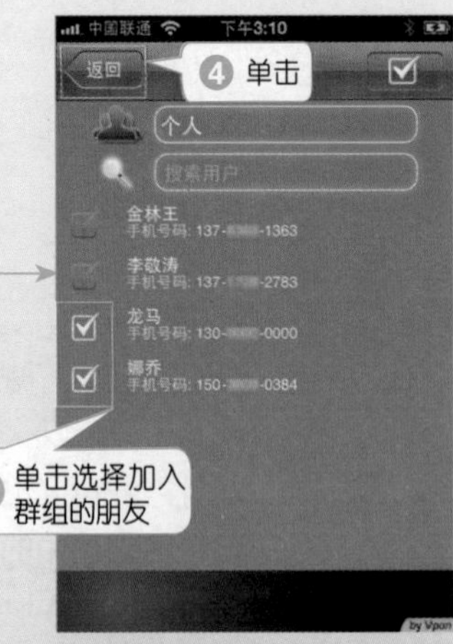

② 进入群用户界面，单击需要添加朋友的群名称（这里单击“个人”）。

③ 单击要添加到个人的联系人。

④ 单击【返回】按钮。

⑤ 单击要群发短信的群组名。

⑥ 在短信界面输入短信内容，然后单击【发送】按钮，即可群发短信。

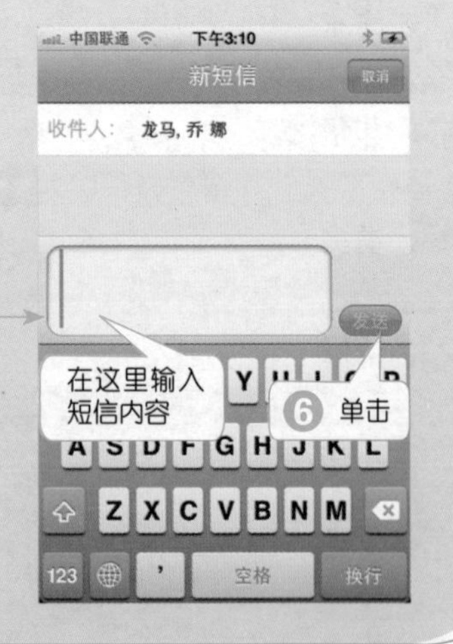

现象 2 信息的安全——为短信加密

你还在担心你的短信被别人偷看吗？为了短信的安全，可以采用短信加密，使您的手机短信更加安全。

❶ 在 iPhone 4S 中下载“安全短信”软件，然后单击该图标。

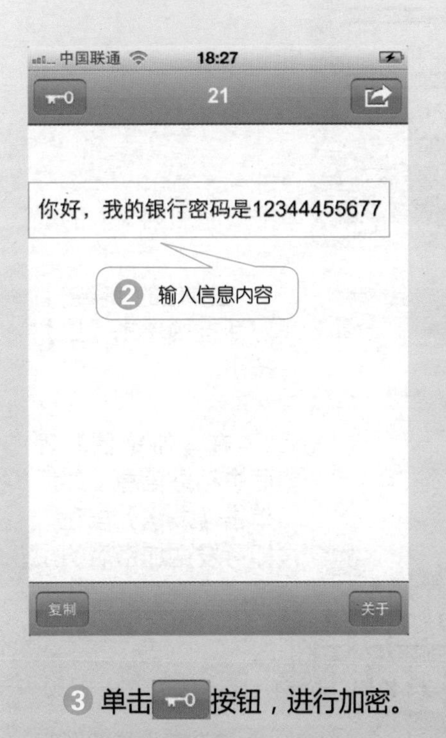

❷ 在空白区域中输入短信内容。

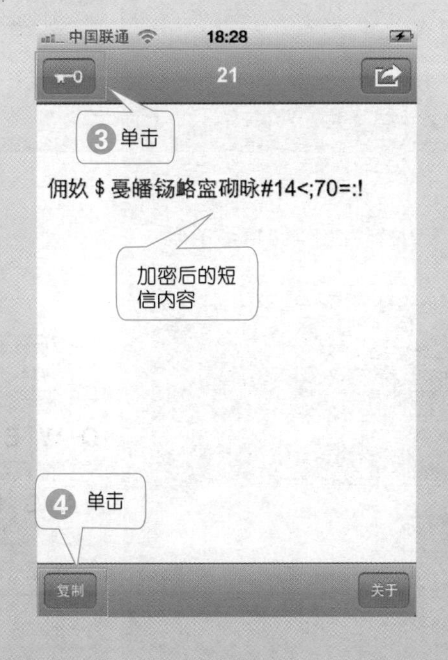

❸ 单击 按钮，进行加密。

❹ 单击【复制】按钮。

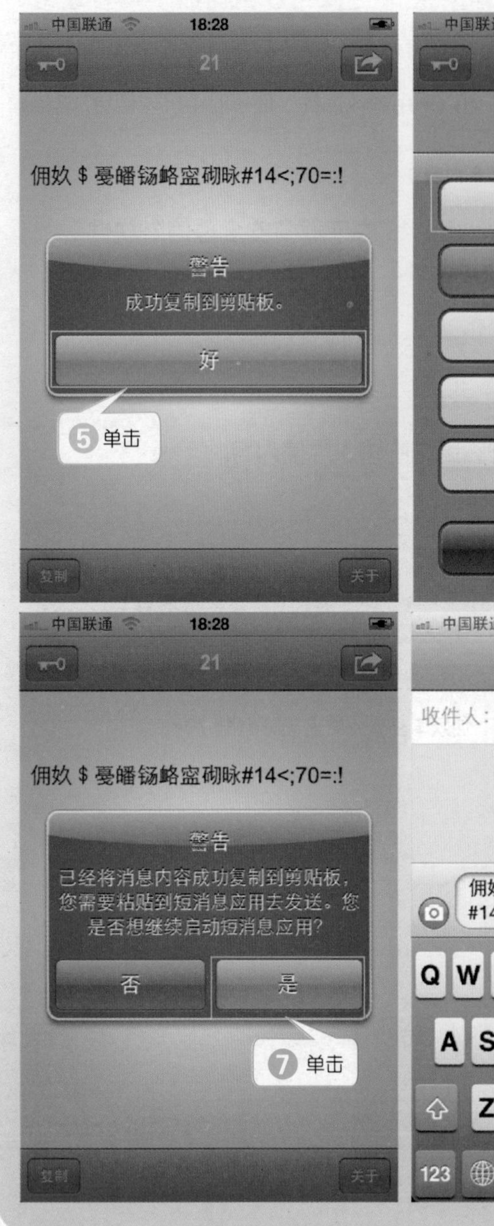

⑤ 在弹出的【警告】提示框中单击【好】按钮。

⑥ 单击按钮，在弹出的列表中选择【短消息】选项。

⑦ 在弹出的【警告】对话框中单击【是】按钮。

⑧ 在【新短信】界面中粘贴信息，然后单击【发送】按钮，即可发送加密后的短信。

提示

收发短消息的双方都必须装有该软件，才可解密收到的信息。

现象 3 短信的快速删除

日积月累，iPhone 4S 接收到的短信越来越多，删除短信已经势在必行。这里根据笔者的使用经验，从不同的需求出发，向读者介绍几种删除短信的方法。

01 删除某个联系人的所有短信记录

❶ 在主屏幕上单击【信息】按钮。打开【信息】界面，即可看到所有短信，手指在要删除所有短信的联系人上向左或向右滑动。

❷ 此时该联系人右侧会出现【删除】按钮，单击该按钮即可删除与该联系人发生的所有短信聊天记录。

要删除与某个联系人发生的所有聊天记录，还可以在【信息】界面中单击【编辑】按钮，此时所有联系人前面都会出现⊖按钮，单击某个联系人前的⊖按钮，此时按钮会变成⦶，单击该联系人右侧出现的【删除】按钮，也可以删除与该联系人发生的所有聊天记录。

02 删除某个联系人的短信记录中的某一条短信

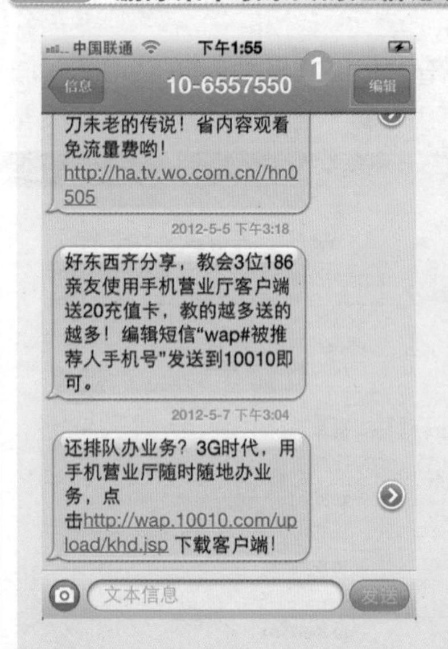

❶ 打开并查看与某个联系人的所有聊天记录，单击右上部的【编辑】按钮。

❷ 单击要删除的某一条短信，完成后单击【删除】按钮，即可删除该条短信。

03 一键删除所有短信

目前，要实现在 iPhone 4S 中一键删除所有短信，需要先将 iPhone 4S 越狱（越狱方法详见第 14 章），越狱后添加源 "http://mxms.us/repo", 完成后搜索并安装"DeleteALLSMS"。

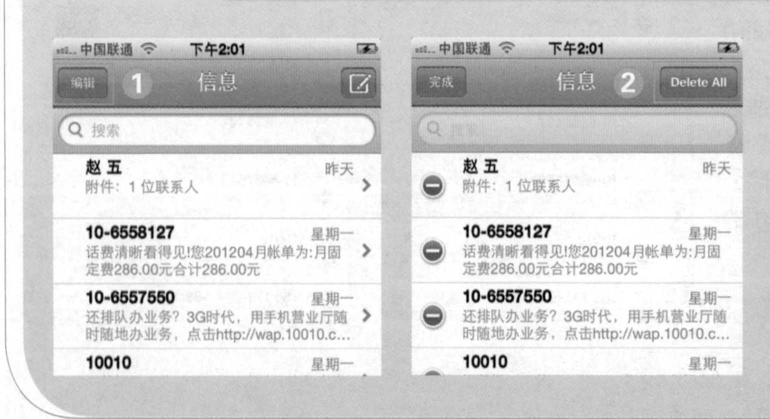

❶ 在主屏幕上单击【信息】按钮，打开【信息】界面，单击左上部的【编辑】按钮。

❷ 此时在界面右上方会多出【Delete All】（删除全部）按钮，单击该按钮，即可删除手机中现有的所有短信。

秘技 12 网络问题

使用iPhone 4S借助Wi-Fi上网有时会遇到一些问题。

现象 1 Wi–Fi 信号微弱

解决办法：

在使用Wi-Fi浏览互联网，查看电子邮件或者进行其他数据活动时，iPhone 4S出现错误消息“无法连接到服务器”，并且Wi-Fi图标显示的信号非常微弱，可以尝试靠近无线路由器或在iPhone 4S中重启Wi-Fi功能。

现象 2 休眠后失去网络连接

解决办法：尝试一下操作，把显示屏亮度调高。

① 在主界面上单击【设置】图标。

② 单击【亮度】选项。

③ 向右拖动此按钮调亮显示屏。

现象 3 不同 Wi-Fi 网络之间切换，造成 iPhone 4S 无法访问互联网

解决办法：首先尝试打开飞行模式，然后再关闭飞行模式。具体操作如下。

① 在主界面上单击【设置】图标。

② 单击【飞行模式】右侧的按钮，按钮变为 ，表示此时为打开状态。

③ 稍等片刻，再次单击此按钮，关闭飞行模式。

如果问题仍然存在，可以尝试直接输入 Wi-Fi 网络的名称和密码来连接 Wi-Fi 网络。

① 在主界面上单击【设置】图标。

② 单击【无线局域网】选项。

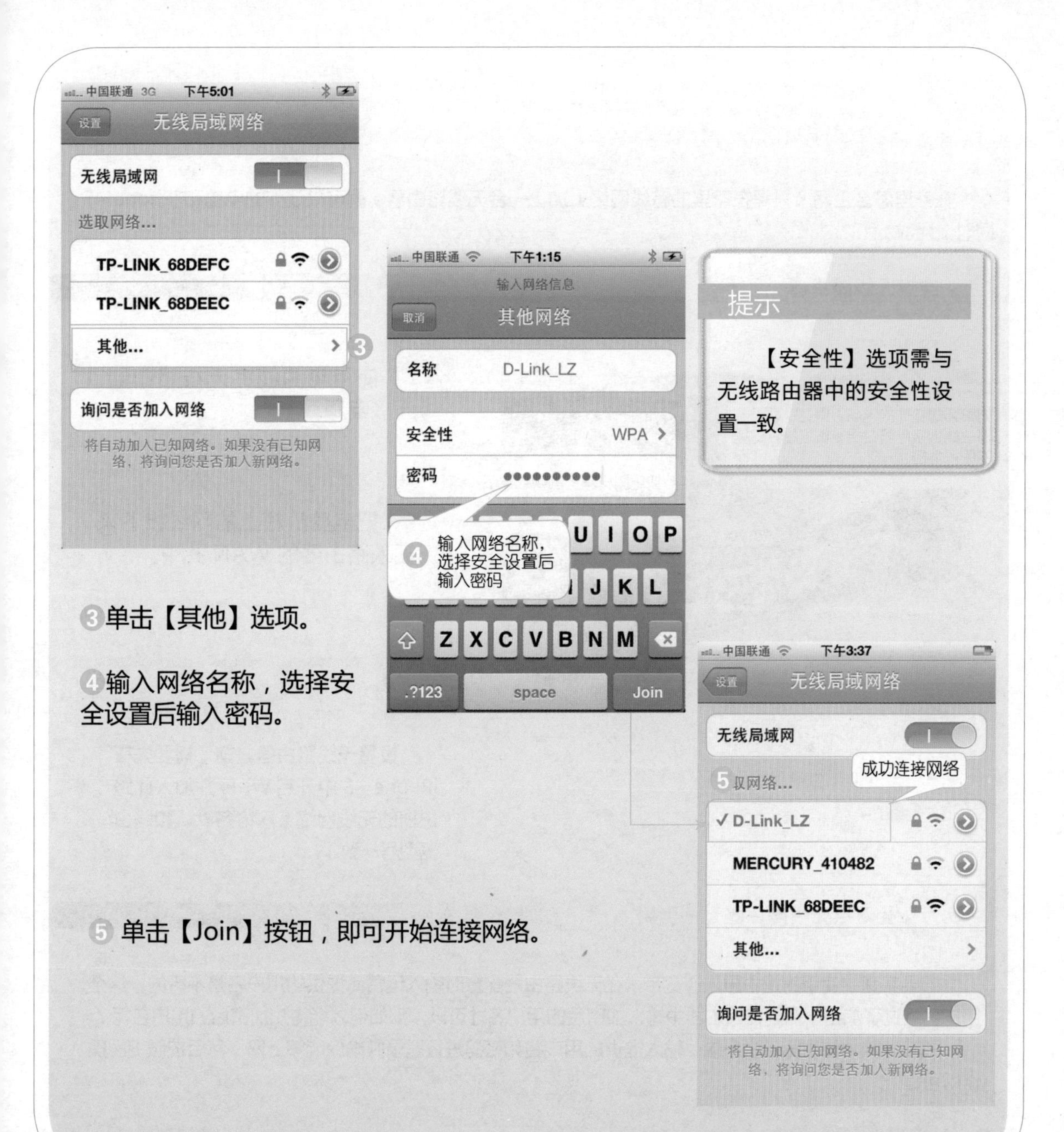

提示

【安全性】选项需与无线路由器中的安全性设置一致。

③单击【其他】选项。

④输入网络名称，选择安全设置后输入密码。

⑤ 单击【Join】按钮，即可开始连接网络。

现象 4 如何使用 iPhone 4S 在家里上网

在家里怎么上网？只需在家里的有线网络上加上一台无线路由器，就可以让你的电脑和 iPhone 4S 同时上网啦！

01 连接无线路由器

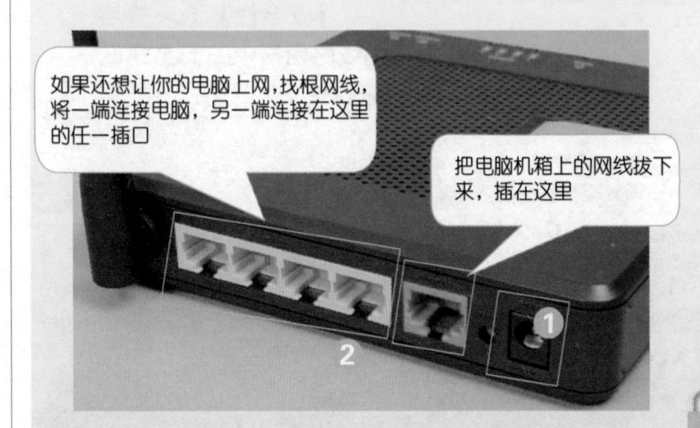

① 使用电源线将无线路由器连接电源。

② 把电脑机箱上的网线拔下来，插入路由器的 WAN 孔中。

提示

设置无线路由器之前，需要先在 iPhone 4S 中开启 Wi-Fi 并加入此路由器的无线网络（网络名默认和路由器型号一致）。

02 为什么使用无线路由器无法上网

如果家庭中使用的是中国联通宽带，在无线路由器配置时输入运营商提供的用户名是不行的。这个用户名经过了加密，需要在路由器中输入加密后的用户名才可以。那如何才能得知加密后的用户名呢？

先在电脑中使用宽带客户端，输入提供的用户名和密码进行登录并确保能够上网，然后按照下图操作即可。

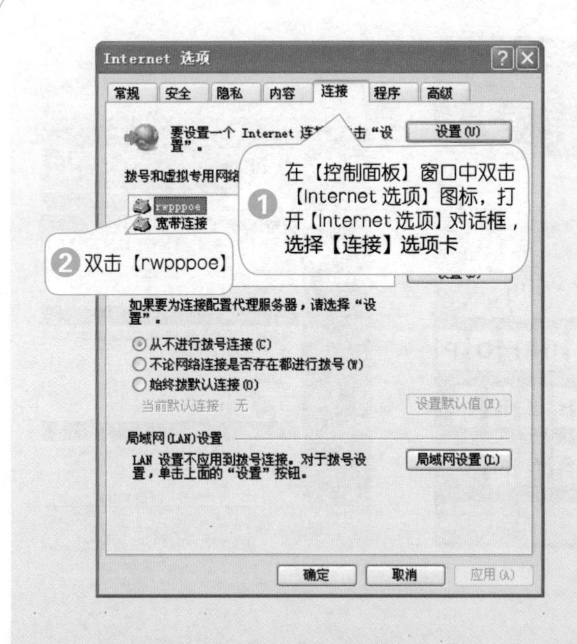

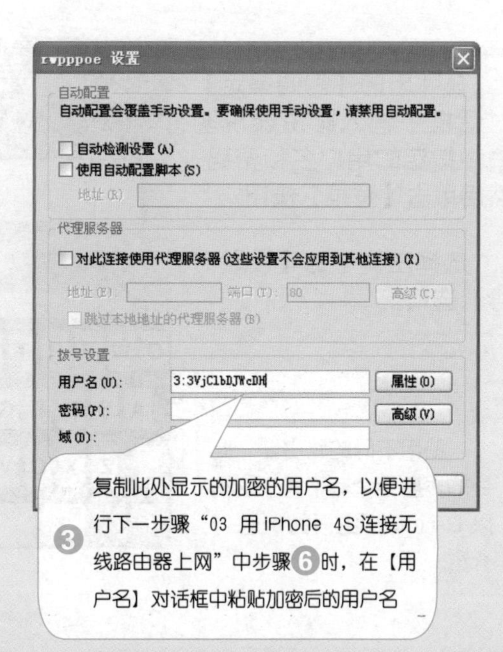

03 用 iPhone 4S 连接无线路由器上网

如果路由器没有开启无线路由功能，iPhone 4S 就加入不了无线网络，此时需要在家中连接了网络的电脑上设置路由器，设置的方法和这里类似，只是需要在 IE 浏览器中输入配置地址。

1 在 iPhone 4S 中单击【Safari】图标，然后在地址栏中输入“192.168.16.1”。

2 单击【前往】按钮。

> **提示**
>
> 不同的路由器的配置地址不同，可在路由器的背面或说明书中找到对应的配置地址。

❸ 在弹出的【需要鉴定】对话框中输入路由器说明书中指定的用户名和密码，然后单击【登录】按钮。

❹ 选择左侧中的【设置向导】选项。

提示

使用不同的路由器，此处的界面会稍有不同，这里以 D-Link 路由器为例进行介绍。

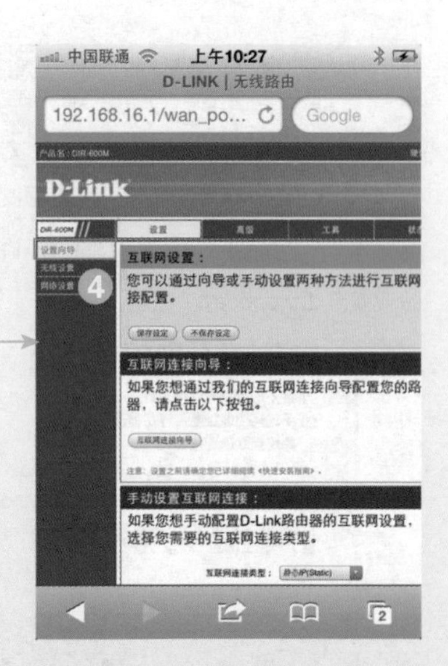

❺ 在【互联网连接类型】选项中选择“宽带拨号（PPPoE）”选项，然后单击【完成】按钮。

❻ 在【宽带拨号(PPPoE)】选项下输入用户名、密码等内容。

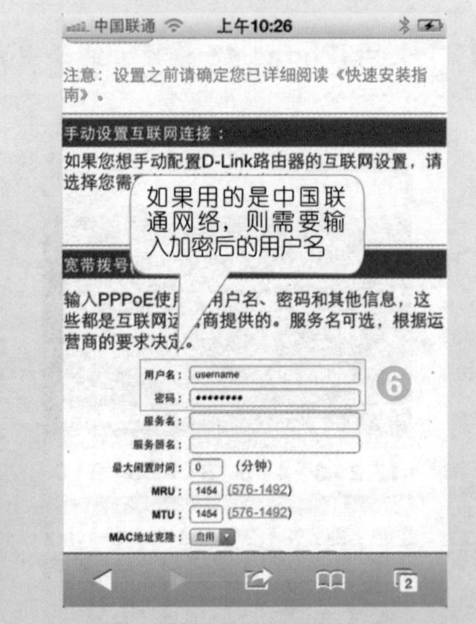

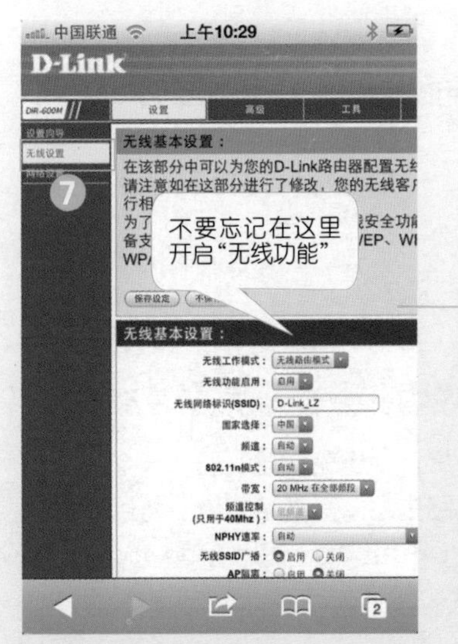

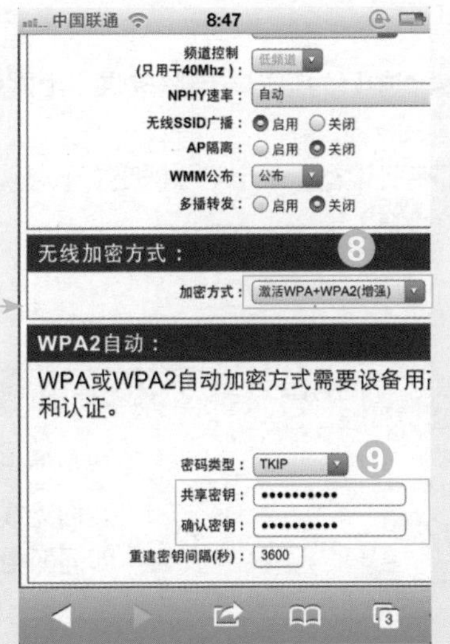

7 在左侧列表中选择【无线设置】选项。

8 在【无线加密方式】选项中选择加密方式为“激活 WPA+WPA2（增强）”选项。

9 在【共享密钥】中输入自己要设置的密码。

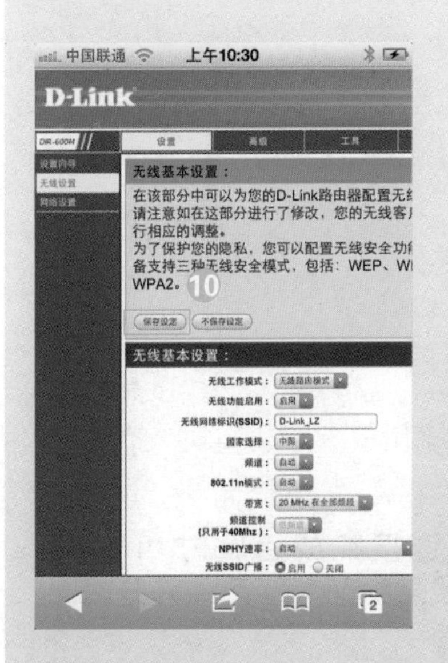

提示

这里设置密码是为了防止未经授权的人也使用该无线网络。

10 单击【保存设定】按钮即可完成路由器的设置，此时 iPhone 4S 就可以搜索到 Wi-Fi 热点，并连接上网了。

提示

此处的用户名和密码是指在开通网络时运营商（中国联通除外）提供的用户名和密码。

现象 5 如何使用 iPhone 4S 在酒店上网

有些酒店没有 Wi-Fi 热点，房间中只为笔记本电脑提供了上网用的网络接口，难道用 iPhone 4S 就不能上网了吗？

自己动手，丰衣足食。让我们带齐设备（一个电源插座（可选）、一根网线（可选）和一台无线路由器），搭建属于自己的 Wi-Fi 热点吧！

提示

外出旅行、出差，建议配备一个迷你无线路由器，其携带方便，而且即插即用，不用设置，使用简单。

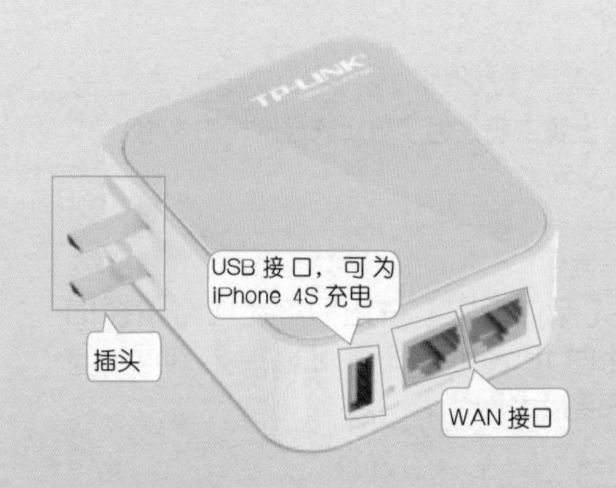

① 将迷你无线路由器插入插座上。

② 将携带的网线的一端插进酒店的上网接口 ,另一端插入路由器的WAN插孔中。

③ 当一切都连接完成后，iPhone 4S 就可以直接搜索到 Wi-Fi 热点并开始上网了。

现象 6 共享 iPhone 4S 的 3G 网络问题

没有有线网络，没有无线路由器以及 Wi-Fi 热点，iPhone 4S 还不支持 3G 上网，怎么办？不用急，我们还可以借助其他设备的网络进行共享，只要你有 iPhone 4S，并且 iPhone 4S 可以使用 3G 上网，那么你的 iPhone 4S 也可以上网！

❶ 在 iPhone 4S 中单击【设置】图标，然后在【设置】界面中单击【个人热点】选项。

❷ 单击【个人热点】按钮，使其处于激活状态。

❸ 在弹出的列表中选择【打开"无线局域网"和蓝牙】选项。

❹ 单击"无线局域网"密码选项，在打开的【"无线局域网"密码】框中的【密码】选项中输入密码。

❺ 单击【完成】按钮。

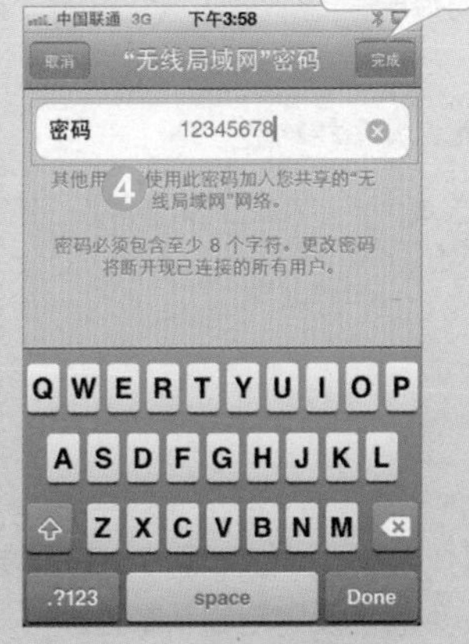

提示

此时，就可通过其他设备搜索 iPhone 4S 共享的网络进行上网。

秘技 13 邮箱问题

邮箱在我们的生活和工作中扮演着一个很重要的角色，在使用过程中，你是否遇到了这些问题：众多邮箱不知道哪个适合你，收件箱收不到邮件，邮件中的附件打不开等。

现象 1 如何选择适合自己的邮箱

邮箱的种类有很多，特点各异。怎样才能选择一个适合自己的邮箱呢？那就先了解它们的特点吧，想用哪个您说了算。

邮箱网站	特 点	邮件附件容量
网易 163 邮箱	国内首家免费邮箱，功能丰富，包括同学录、相册、网易部落等诸多功能，邮箱空间巨大	50MB（支持超大附件的发送，最大 2GB，支持 RAR 格式的附件）
网易 126 邮箱	专业电子邮箱，拥有超大存储空间，支持超大附件。在同等网络环境下，页面影响时间最高减少 90%，垃圾邮件及病毒拦截率高，有部分服务是收费的，但是可以选择	50MB（支持云附件，最大 2GB）
QQ 邮箱	可以作为中小企业和机构的免费企业邮箱，还可以作为文件的中转站	50MB（支持超大附件的发送，最大 2GB）
139 邮箱	可通过电脑和手机访问的免费邮箱，随时随地收发邮件，更可在第一时间获取邮件内容	50MB（支持超大附件的发送，最大 1GB）
Gmail 邮箱	邮件到达有效性比较好，容量大，稳定性好且安全系数较高，可使用垃圾邮件过滤服务器	20MB（支持云附件，最大 2GB）
Yahoo 邮箱	Yahoo 邮箱不仅收发邮件速度快，可靠性也毋庸置疑	25MB
Hotmail 邮箱	在邮件到达有效率和速度方面都显示出了其优势，可以进行语音对话，召开多人网络会议、玩网络游戏、设置重要事件的通知等	25MB
AOL 邮箱	容量大，域名短，方便下载美国资源	50MB

现象 2 邮箱的配置与使用

电子邮件已经是人与人之间联系时最常用的媒介之一，当你在等待一封重要邮件，而身边又苦无电脑时，一定很着急吧？其实，只要有了 iPhone 4S ，你就能及时查收新邮件。

01 配置账号

① 在主屏幕上单击【设置】图标。

② 在【设置】界面中单击【邮件、通讯录、日历】选项。

③ 单击【添加账户...】选项。

④ 单击一种账号类型，如这里单击【163 网易免费邮】项。

⑤ 输入名称、地址和密码。

⑥ 单击【下一步】按钮。

7 在打开的界面中开启【邮件】功能后，单击【存储】按钮即可返回到【邮件、通讯录、日历】界面中，看到 163 邮箱账号配置成功。

提示

iPhone 4S Mail 可以搭配 MobileMe、Microsoft Exchange 和大部分常用的电子邮件系统，以及其他标准的 POP3 和 IMAP 电子邮件系统一起使用。

02 登录邮箱

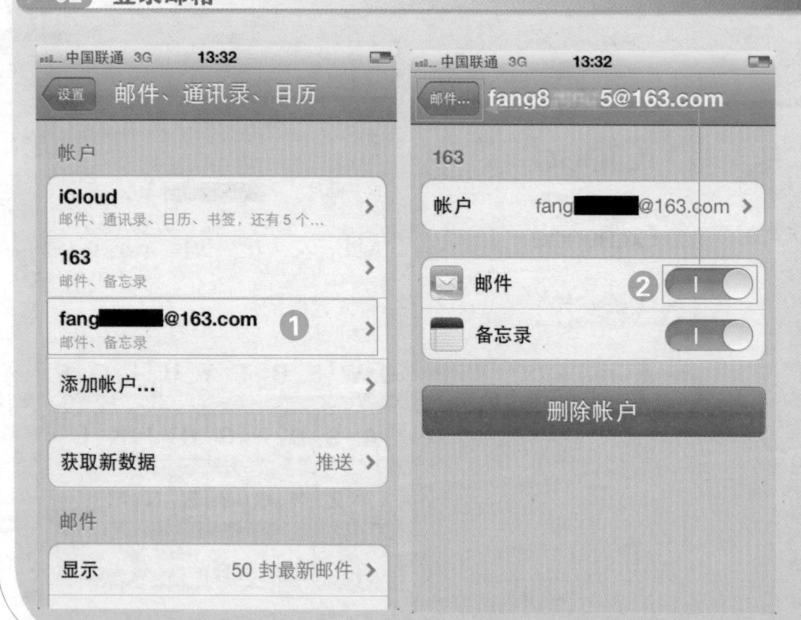

1 单击要登录的邮箱类型。

2 在邮箱账户下保证【邮件】功能处于开启状态。单击【邮件】按钮即可返回【邮件、通讯录、日历】界面，看到所选的账号已经开通了邮件功能。

03 设置默认邮箱

❶ 在【邮件，通讯录，日历】界面【邮件】列表下单击【默认账户】选项。

❷ 在打开的界面中选择邮箱默认打开的账户。

❸ 完成后单击【邮件】按钮可返回上一个界面。

04 接收邮件

❶ 在主屏幕上单击【Mail】图标。

❷ 在打开的【邮箱】界面中选择要查看的邮箱账户，进入后在打开的邮件列表中单击邮件，即可浏览邮件信息。

05 发送邮件

1 单击右下方的按钮，进入写信界面。

2 单击【收件人】一栏， 添加联系人。

3 输入主题和内容。

4 单击【发送】按钮即可。

如果需要对多个朋友发送相同的邮件内容，可以选择群发的方式。群发邮件时只需要在发送邮件时选择添加多个收件人即可。

单击【收件人】一栏，在右侧出现按钮。单击按钮，弹出【所有联系人】界面，重复选择多个收件人即可。

现象 3 电子邮件中的附件无法打开

邮件收到了，但是邮件中的附件却无法打开，怎么回事？

导致原因：电子邮件中的附件有时会打不开，可能是附件中包含不支持的文件类型。

iPhone 4S 支持以下电子邮件附件的文件格式。

文件格式	格式所属类型
.doc	Microsoft Word
.docx	Microsoft Word（XML）
.htm	网页
.html	网页
.key	Keynote
.numbers	Numbers
.pages	Pages
.pdf	“预览”和 Adobe Acrobat
.ppt	Microsoft PowerPoint
.pptx	Microsoft PowerPoint（XML）
.txt	文本
.vcf	联络人信息
.xls	Microsoft Excel
.xlsx	Microsoft Excel（XML）
.rar	压缩文件（目前使用网易邮箱接收支持）

秘技 14 日程提醒

使用 iPhone 4S 的【提醒事项】功能，可以管理日常生活和工作中的待办事项，让你及时处理重要的事项。

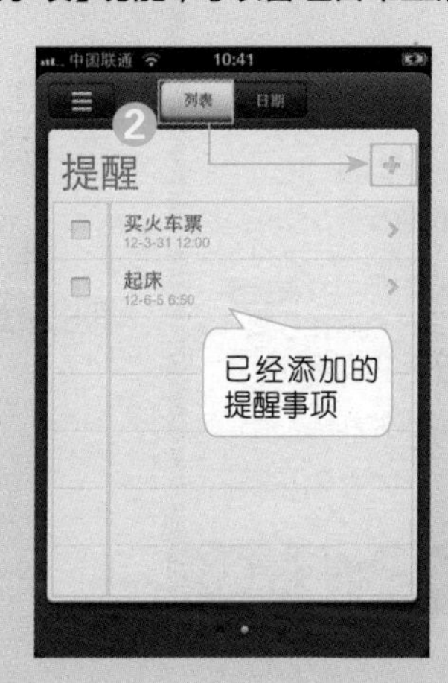

1 iPhone 4S 主屏幕中单击【提醒事项】图标。

2 单击【列表】按钮，即可将已有的提醒事项以列表的形式显示出来。如果要添加新的提醒事项，则在打开的界面中单击“添加”按钮。

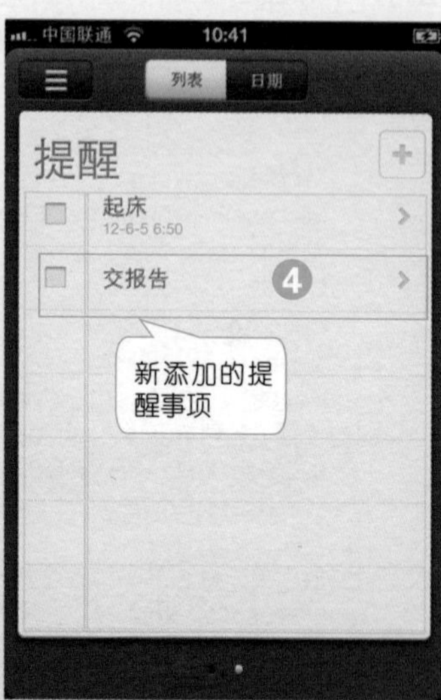

❸ 此时会弹出虚拟键盘，输入新的提醒事项名称，然后单击【完成】按钮，返回主界面即可看到新添加的事项名。

❹ 单击新添加的提醒事项。

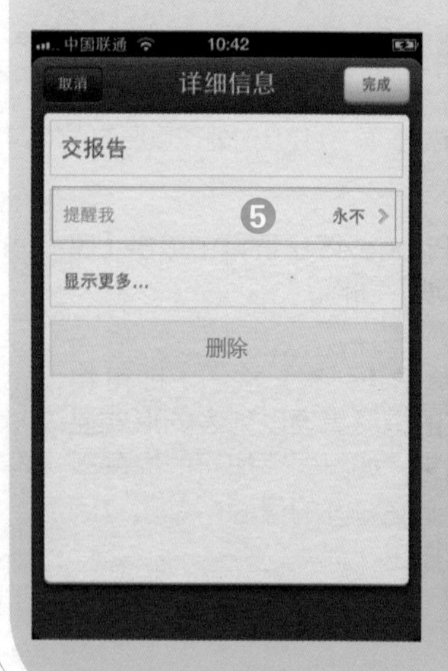

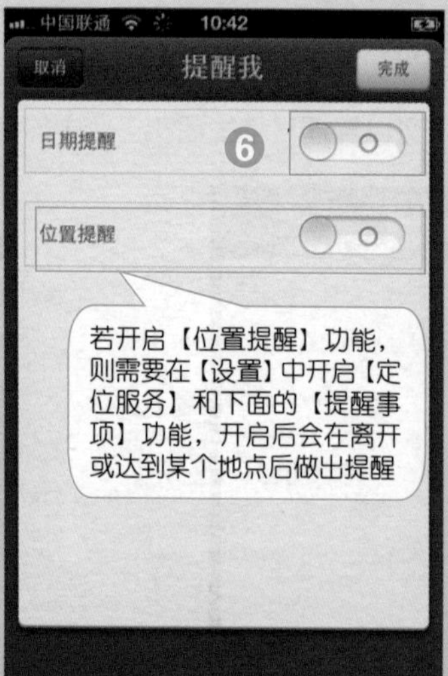

❺ 进入【详细信息】界面，单击【提醒我】选项。

❻ 进入【提醒我】界面，开启【日期提醒】功能。

❼ 此时在【日期提醒】项下方会显示一行日期时间，单击该日期时间，即可在下方弹出时间设置工具，设置提醒的日期和时间，完成后单击【完成】按钮。

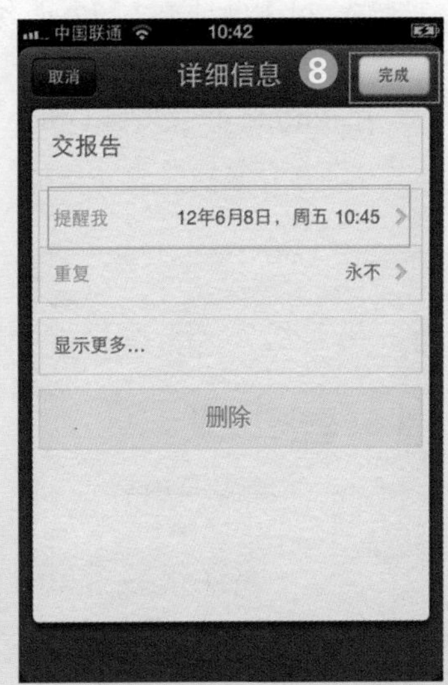

❽ 返回至【详细信息】界面，在【提醒我】右侧会显示所设置的提醒时间，确认无误后单击【完成】按钮。

❾ 返回至主界面的【列表】选项卡下，可以看到所添加的所有提醒事项，到提醒的时间时，iPhone 4S 会显示【提醒事项】对话框，单击【显示】按钮，会打开【提醒事项】主界面，看到提醒的内容。

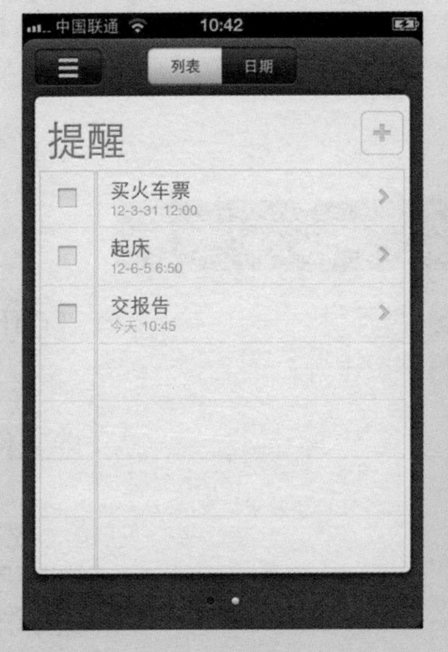

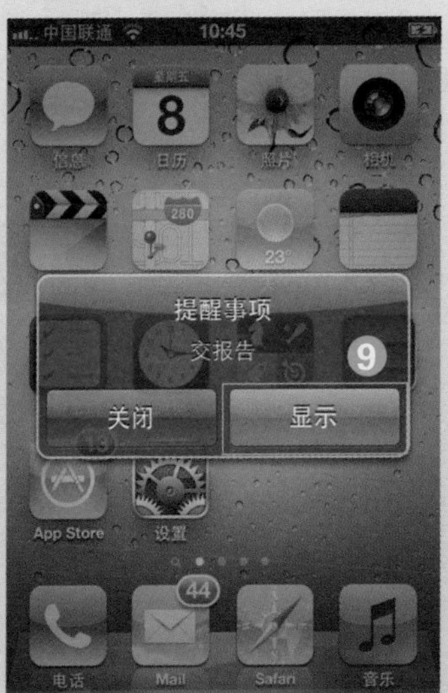

秘技 15 移动办公

现代化办公需要灵活、机动、多变的工作方式，用 iPhone 4S 办公可以大大提高工作效率和节奏。

现象 1 在 iPhone 4S 中查看办公文档

在 iPhone 4S 上安装 Office²Plus，可以在 iPhone 4S 中轻松查看 Word 和 Excel 等办公文档。

01 将办公文档防盗 iPhone 4S 中

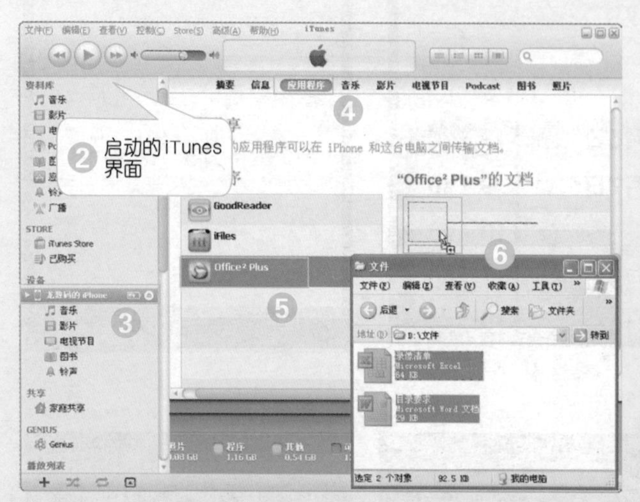

① 在 iPhone 4S 中下载并安装"Office²Plus"。

② 使用数据线将 iPhone 4S 与电脑连接，在电脑中启动 iTunes。

③ 在 iTunes 中单击识别出的 iPhone 4S 名。

④ 单击【应用程序】按钮，并向下滚动到"文件共享"选项处。

⑤ 在应用程序下选择"Office²Plus"选项，右侧窗格中会显示该软件中的文档。

⑥ 直接拖曳电脑中的文档到右侧的"'Office²Plus'的文档"窗格中。

02 在 iPhone 4S 中查看

① 在 iPhone 4S 中单击【Office²Plus】图标。

② 在【Office²Plus】界面中单击【本地文件】选项。

③ 在打开的【本地文件】界面中看到拖曳进去的文档，然后单击【目录要求】文档。

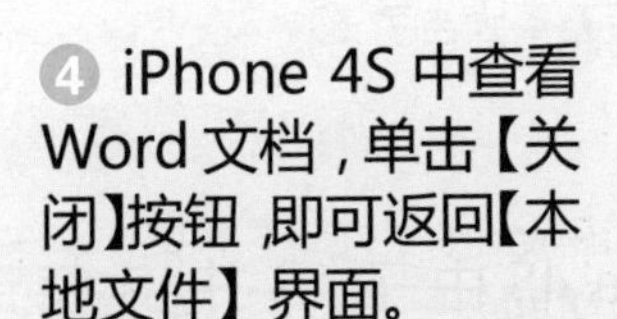

④ iPhone 4S 中查看 Word 文档，单击【关闭】按钮，即可返回【本地文件】界面。

⑤ 查看打开的 Excel 文档，拖动即可查看其他列或行的内容。

⑥ 单击【录像清单】文档。

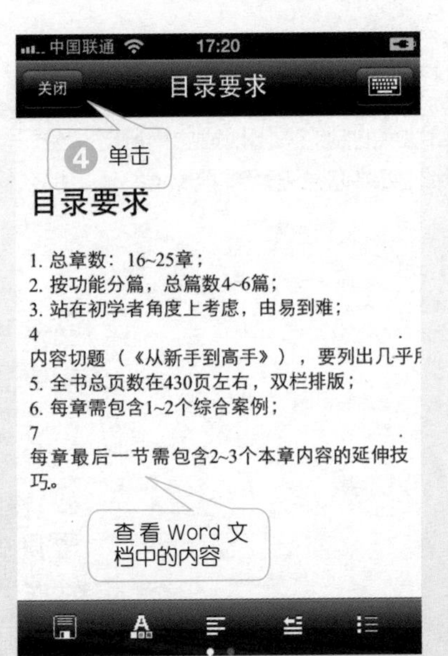

中国联通 17:22
后退 本地文件 +
较旧
录像清单 10-12-8 9:44
目录要求 10-7-7 13:45
⑤ 单击
注册

中国联通 17:22
关闭 录像清单 Sheet1
A1 章
1 章
3 第1章 Office2003 中文版基础
8 第2章 我的Office我做主
11 第3章 Word
查看 Excel 文档中的内容

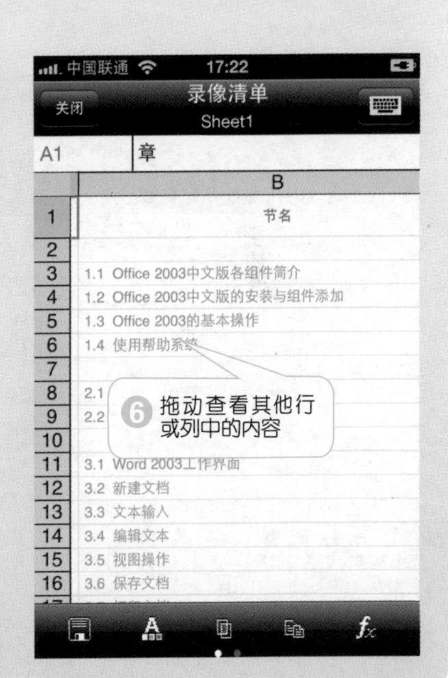

现象 2 使用 iPhone 4S 编辑文档

使用电脑查看和编辑文档受到时间和地点的制约，出现紧急情况时，公司领导需要你马上浏览一份方案并作出修改，而你又恰巧出差在外，此时如果你身边有部 iPhone 4S，那么就万事大吉了！

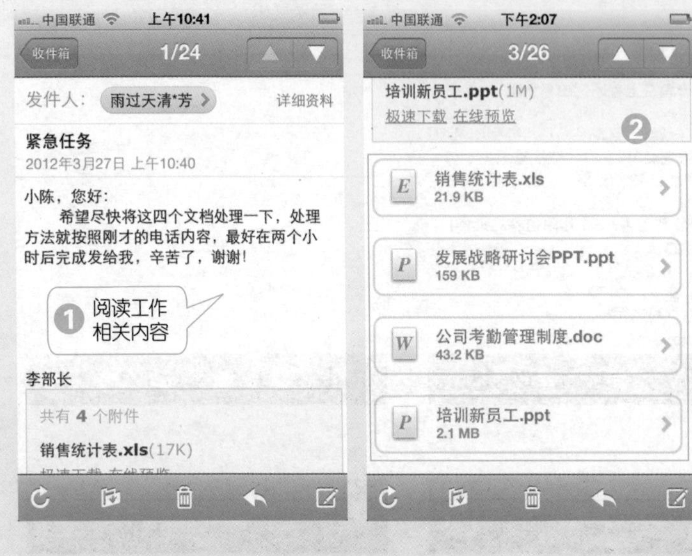

1 在 iPhone 4S 的主屏幕中单击【Mail】图标，登录邮箱后单击打开重要的邮件，即可阅读工作相关内容。

2 在邮件下方查看附件，这里有 4 个重要文档需要立即处理，单击这些文档即可打开并浏览具体内容。

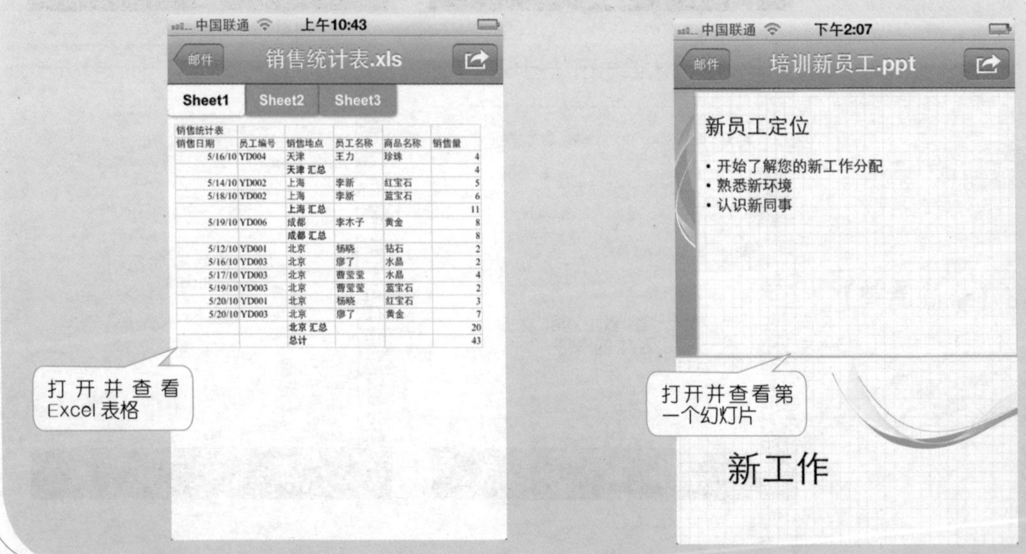

销售统计表					
销售日期	员工编号	销售地点	员工名称	商品名称	销售量
5/16/10	YD004	天津	王力	珍珠	4
		天津 汇总			4
5/14/10	YD002	上海	李新	红宝石	5
5/18/10	YD002	上海	李新	蓝宝石	6
		上海 汇总			11
5/19/10	YD006	成都	李木子	黄金	8
		成都 汇总			8
5/12/10	YD001	北京	杨晓	钻石	2
5/16/10	YD003	北京	廖了	水晶	2
5/17/10	YD003	北京	曹莹莹	水晶	4
5/19/10	YD003	北京	曹莹莹	蓝宝石	2
5/20/10	YD001	北京	杨晓	红宝石	3
5/20/10	YD003	北京	廖了	黄金	7
		北京 汇总			20
		总计			43

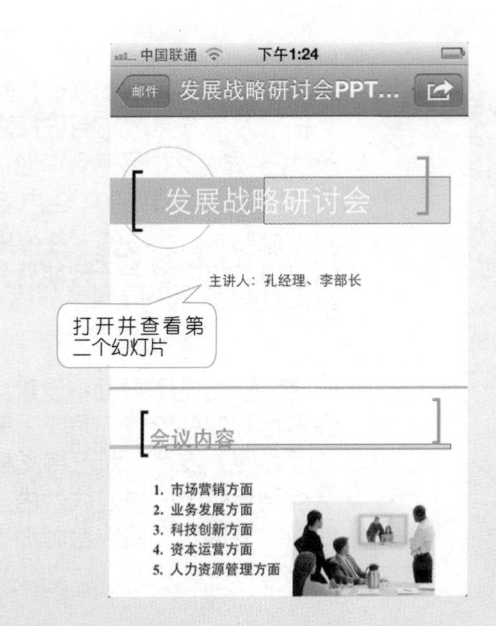

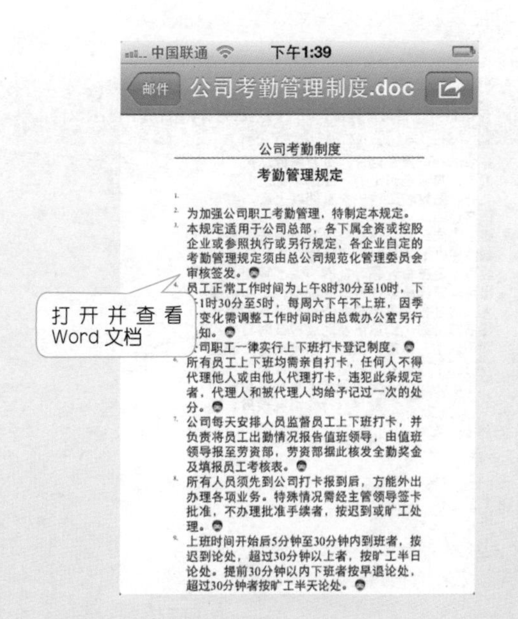

3 如果需要修改文档，如这里需要修改 Word 文档，打开该文档后单击右上方的按钮，在弹出的对话框中选择打开方式，这里单击【打开方式】按钮。

4 在弹出的对话框中选择用哪个软件打开文档，这里选择单击【DocsTogo】按钮。

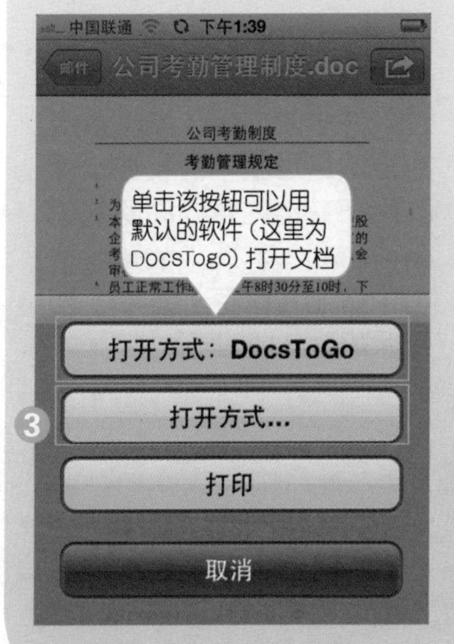

提示

目前能安装在 iPhone 4S 中的办公软件有很多，最受欢迎的有 Office 办公助手、iWork 套件和 DocsToGo 等，用户可根据自己的喜好和工作性质选择适合自己的软件。

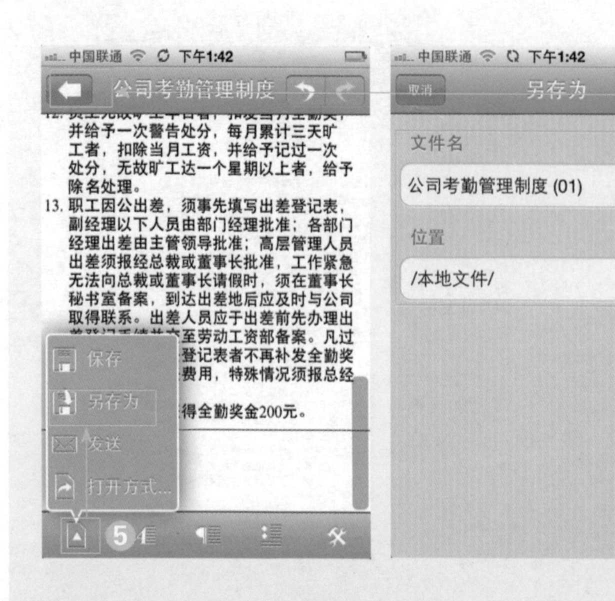

❺ 此时即可用所选的软件打开文档，为了方便对文档进行修改，需要先将文档另存到本地，在【DocsTogo】的文档内容界面底部单击按钮，在弹出的快捷菜单中单击【另存为】选项。

❻ 在【另存为】界面中设置文件名称和保存位置，完成后单击【存储】按钮，即可将文档保存到手机上的当前软件内，并同时返回到文档内容界面，单击该界面左上角的按钮。

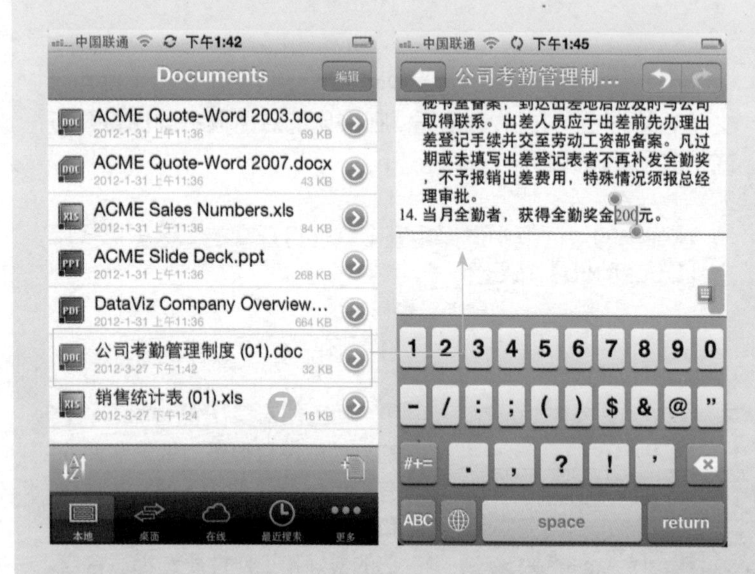

❼ 进入【Documents】界面，单击需要修改的文档，即可进入并修改文档，具体修改的方法这里就不再赘述，修改后在文档内容界面底部单击按钮，在弹出的快捷菜单中单击【保存】选项，即可保存对文档的修改。

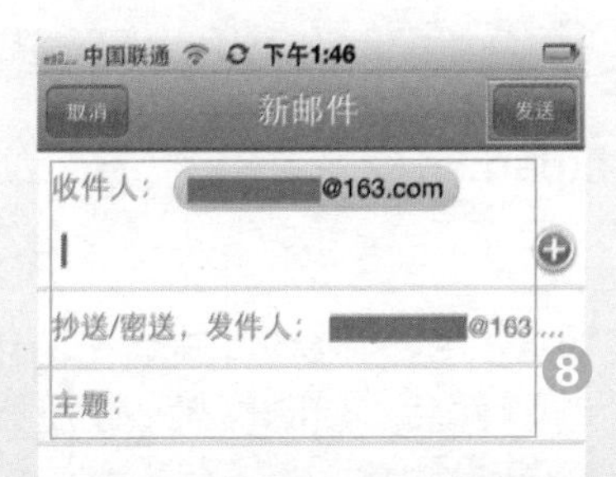

8 如果需要将文档发送给他人，需要在文档内容界面底部单击▲按钮，在弹出的快捷菜单中单击【发送】选项，即可在弹出的界面中输入收件人邮箱地址和邮件的主题，完成后单击【发送】按钮，即可将文档成功发送出去。

秘技 16 不同设备平台的数据共享

iCloud 很好地解决了苹果设备间的数据传输问题，但又在其他文件传输与共享上却是一个软肋，而金山快盘就弥补了这个不足。只要你把文件资料放到金山服务器上，不管你在哪里，只要有网络就可以随用随取，这样实现了多平台数据的传输和共享。

程序名称：金山快盘　　大小：4.1MB

系统要求：iOS 3.2 或更高版本

特色功能：(1) 支持查看照片、PDF 文档、Office 2003 和 2007 文档；

(2) 查看过的文件会缓存至 iPhone 4S 中，没有网络也可查看；

(3) 邮件附件也可上传到金山快盘中，实现文件共享。

01 在电脑中，上传文件到金山快盘服务器

金山快盘电脑端下载地址： http://www.kuaipan.cn/

1 下载并安装电脑端金山快盘软件后，启动快盘，注册账号并登录。

2 单击右下角的图标进入快盘文件管理界面，或在【我的电脑】➤【金山快盘】进入即可。

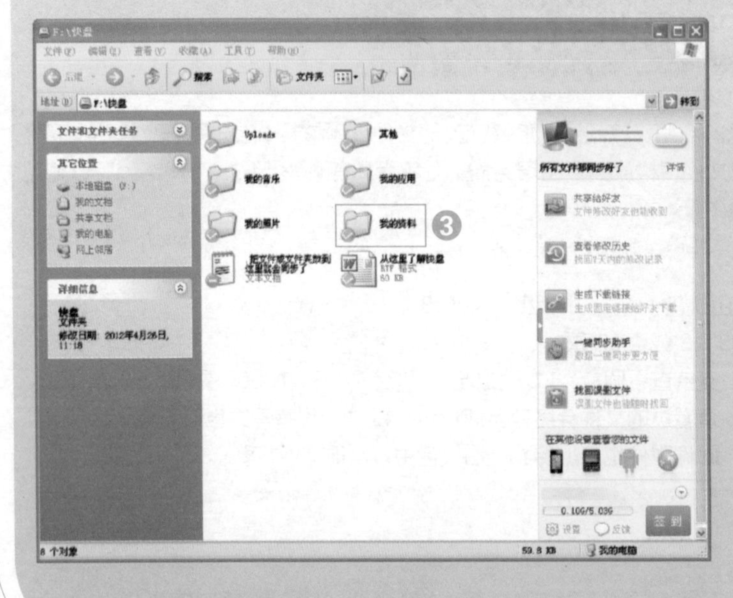

3 单击文件夹（这里选择“我的资料”文件夹）。

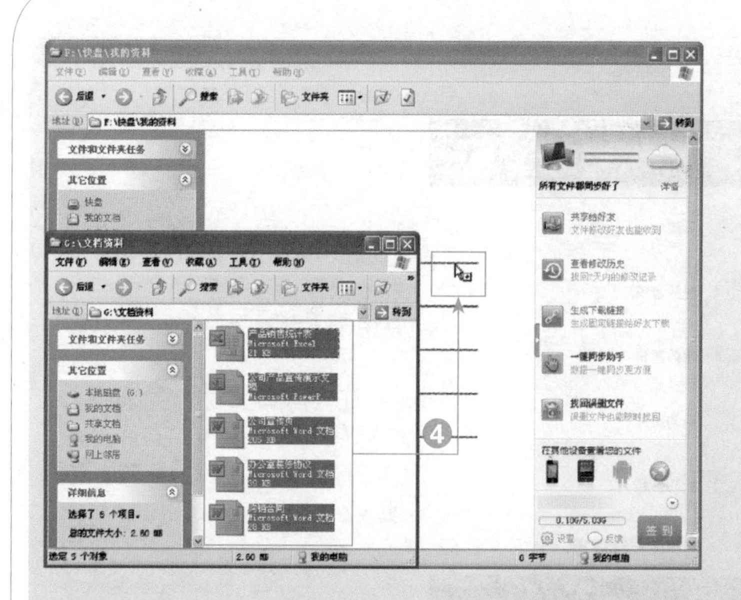

❹ 选择要传输的文件，然后拖曳文件到该快盘中。

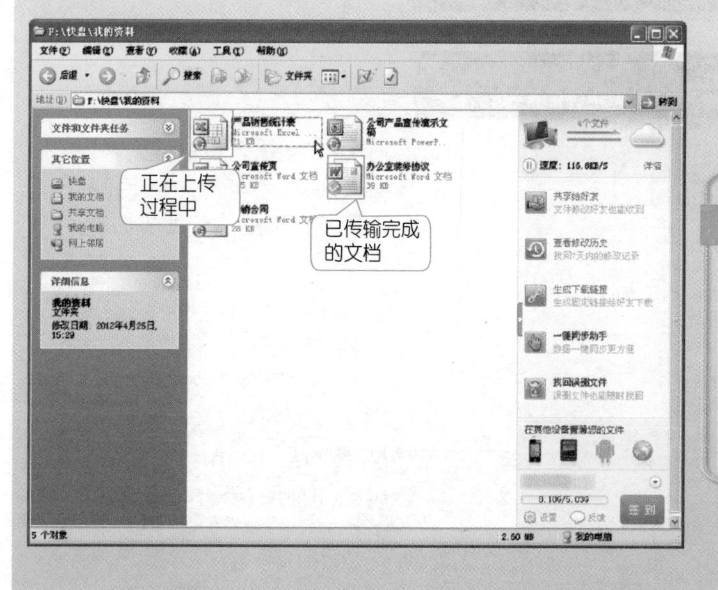

❺ 片刻后，文件即可传输完毕。

提示

除了在电脑中传输，也可在其他平台传输文件，如网页版金山快盘、安卓版金山快盘。iOS版快盘仅支持传输照片、常用文件格式，支持格式少。

02 在 iPhone 4S 中，下载服务器中的文档

① 在 iPhone 4S 中下载并安装金山快盘，然后登录快盘，并单击【查看所有文件】选项。

② 在【所有文件】列表中，选择在电脑中上传的文件夹名称（这里单击【我的资料】选项）。

提示

如果进入该文件夹并未发现文档，可单击右上角的【刷新】按钮，进行刷新即可。

③ 单击要查看的文档（仅支持查看照片、PDF 文档、Office 2003 和 2007 的 文档）。首次查看后，文档就会被缓冲到 iPhone 4S 中，今后即使在没有网络的情况下也可查看。

03 备份图片到快盘中

❶ 在金山快盘首页，单击【备份照片】选项。

❷ 单击【授权】按钮。

❸ 单击并选择要备份的照片，也可单击【全部照片】选项卡，单击【全选】按钮后，再单击【备份】按钮将全部照片备份到快盘中。

❹ 在【图片质量】页面可调节图片质量，是否压缩图片，并单击【开始备份】按钮即可进行备份。

04 为程序设定密码

❶ 单击底部的【更多】选项。

❷ 单击【锁定账户】选项。

❸ 单击【开启密码锁】按钮。

第 3 篇

系统设置

在使用 iPhone 4S 的过程中，难免会出现这样或那样的问题，尤其是在系统和设置方面，让你焦头烂额。不用急，相信在这里，你可以在谈笑间让“疑难”灰飞烟灭。

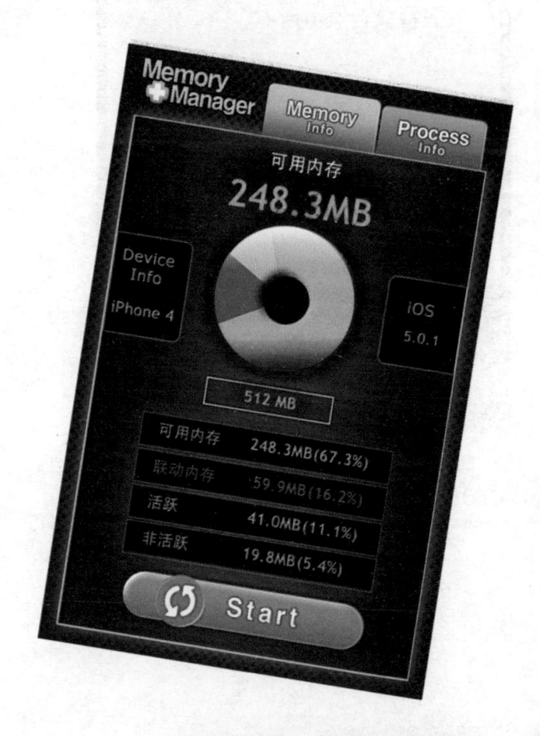

玩转系统设置，轻松应对故障

秘技 17 消失了的程序图标

找不到程序图标，就无法进入程序，那么，一起来找回消失了的程序图标。

1. 利用搜索功能

程序太多、太乱，一下子难以找到需要的程序。此时，我们可以使用 iPhone 4S 的搜索功能找到它们。

❶ 在 iPhone 4S 首页主屏幕上按下【Home】按钮或者从左到右用手指滑动屏幕，进入搜索界面。

❷ 在搜索界面文本框中输入程序图标的名称，然后单击【搜索】按钮 搜索 。

❸ 单击搜索到的图标选项即可打开该应用程序。

2. 解除被“禁闭”的程序

Safari、相机、FaceTime 系统自带的程序消失了，那么最大原因就是被“访问限制”了，关闭受访问限制的程序即可。

在【设置】界面单击【通用】➤【访问限制】➤选项，选择被禁止使用的应用程序，比如单击【Safari】右侧的按钮，当该按钮变成时，表示【Safari】程序已经被允许使用。或者单击【停用访问限制】选项，在打开的界面中输入“访问限制的密码”也可显示。

3. 快速启动栏中程序图标不见了

快速任务栏中的“音乐”程序图标不见了，我们只需还原主屏幕布局即可找回消失的“音乐”程序图标。

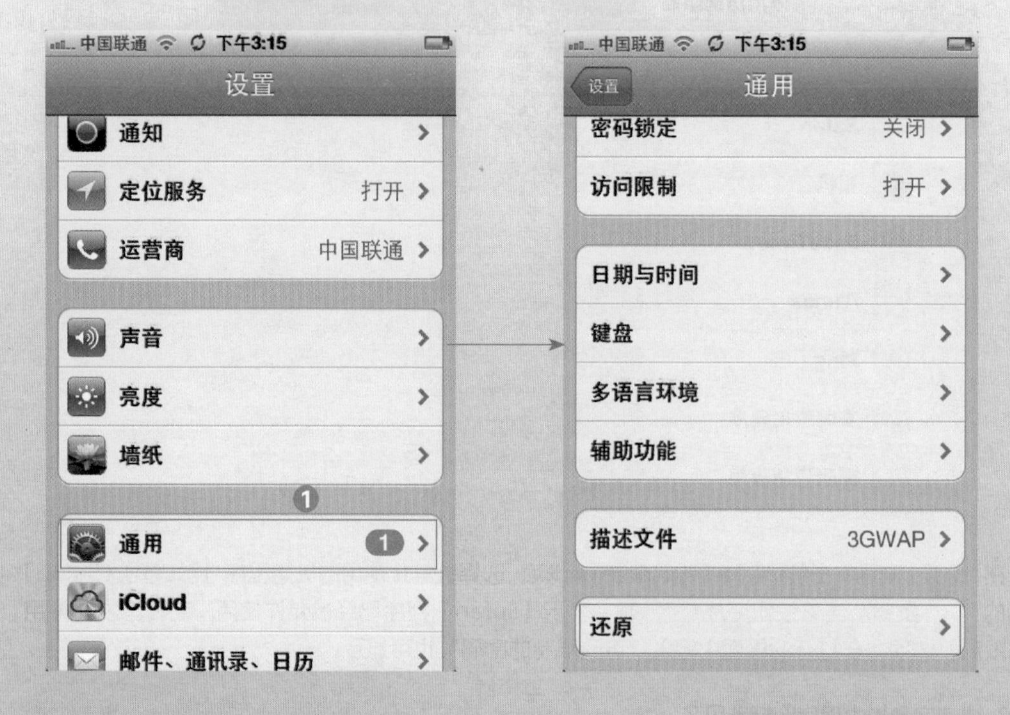

① 在【设置】界面单击【通用】➤【还原】➤【还原主屏幕布局】选项。

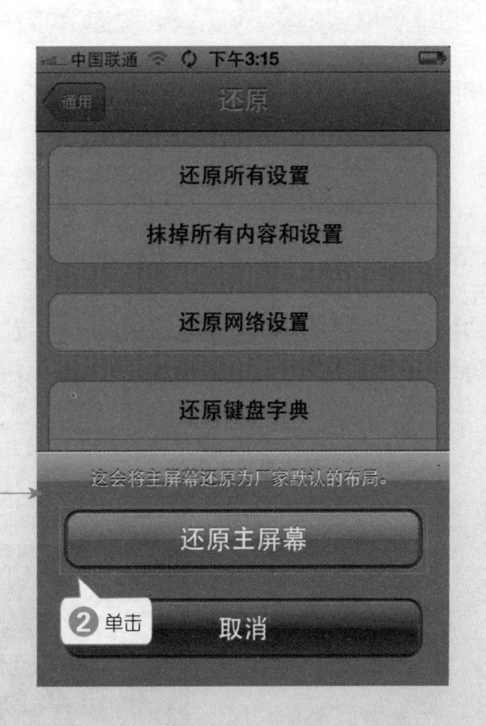

2 在弹出的提示框中单击【还原主屏幕】按钮，即可显示“音乐”程序图标。

提示

也可在屏幕中找到不见的快捷程序图标，然后按住该图标 2 秒后松手，此时图标开始抖动，并将其拖入快捷任务栏中，方便使用。

秘技 18 应用程序运行故障

在使用程序时，难免会遇见一些故障，如运行时崩溃，无法启动等问题。

现象 1 应用程序运行时崩溃

原因：多为后台运行程序过多，致使 iPhone 4S 内存不足；也有可能是程序自身存在 Bug, 等待更新即可。

解决办法：长按【Home】键返回到主屏幕，双击【Home】键打开程序管理栏，关闭不使用的程序或重启设备，然后再打开该程序看是否有所改善，若无法运行，可能是系统出现问题或是越狱导致的。

现象 2 应用程序打开又关闭

原因：(1) 后台运行程序过多，导致内存不足；
(2) 设备系统问题；
(3) 越狱导致的。

解决办法：

1. 优化系统内存。

打开程序管理栏，关闭不使用的程序或重启设备释放系统内存。也可以使用第三方程序进行优化。

2. 恢复先前备份。

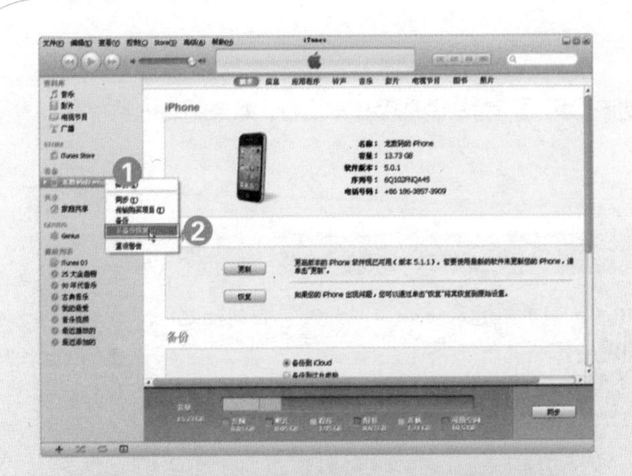

❶ 使用数据线将 iPhone 4S 与电脑连接，然后在 iTunes 左侧右击识别出的iPhone 4S名称。

❷ 右键单击设备名称，在弹出的快捷菜单中选择【从备份恢复...】命令。

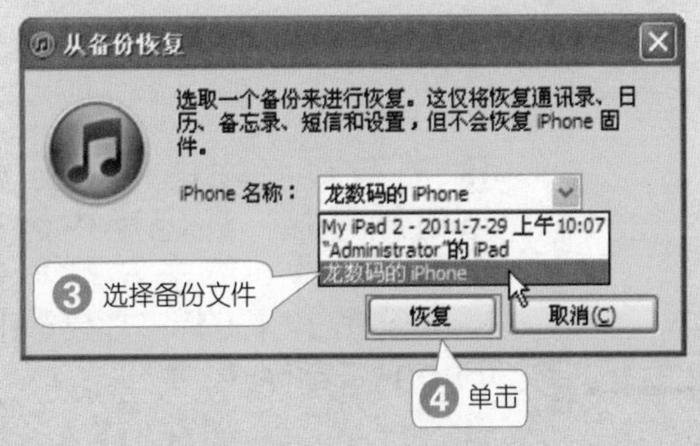

❸ 在弹出的【从备份恢复】对话框中的【iPhone 名称】下拉列表框中选择一个备份文件。

提示

如果进行了多次备份，在【iPhone 名称】选项下将会列举出多个按照备份时间命名的备份文件。

❹ 单击【恢复】按钮，即可开始恢复，几分钟后，iPhone 4S 自动重启，恢复完成。

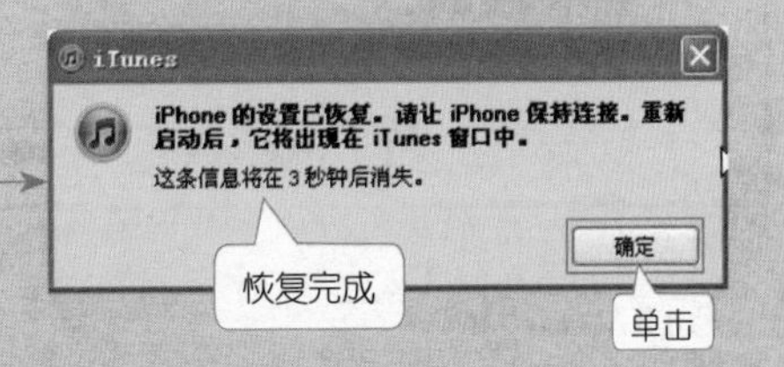

3. 恢复出厂设置

iPhone 4S 恢复先前备份重启后，再尝试启动该应用程序看是否能够正常运行。如果问题依然存在，可能由于越狱导致的，可尝试恢复 iPhone 4S。

提示

恢复出厂设置之后会抹掉 iPhone 4S 中所有的媒体和其他数据，因此在此操作之前，可以先将 iPhone 4S 中的重要资料备份一下。

❶ 使用数据线将 iPhone 4S 与电脑连接。在电脑中运行 iTunes 软件，单击左侧导航栏【设备】下的”龙数码的 iPhone“图标。

❷ 在【摘要】选项卡下单击【恢复】按钮。

iTunes

您确定要将 iPhone"龙数码的 iPhone"恢复到出厂设置吗？这将抹掉您所有的媒体和其他数据并安装 iPhone 软件的最新版本。

iTunes 将与 Apple 验证恢复。

恢复并更新　取消(C)

❸ 在弹出的提示对话框中单击【恢复并更新】按钮。

由于iPhone 4S有更新的版本可用，因此恢复到出厂设置后安装 iPhone 4S 软件的最新版本。

秘技 19 系统反应迟钝

iPhone 4S 使用时系统反应越来越迟钝，已然没有了指尖滑动的畅快淋漓，不时嘴里冒句“快点吧，等得花都快要谢了”，可是程序还没能如愿地响应过来。与其坐等程序响应，不如动手解决吧。

1. 重启设备

可能由于运行程序过多，内存不足，导致程序响应缓慢。此时，可重启 iPhone 4S 再进行使用。

2. 利用程序优化内存

当然，有人觉得重启设备也是个麻烦事，使用一些程序清理一下内存会更好一些，也更彻底。是的，完全可以，下面介绍内存管理器的优化方法。

软件名称：内存优化大师
大小：3.59MB
运行环境：iOS 3.2 或更高版本

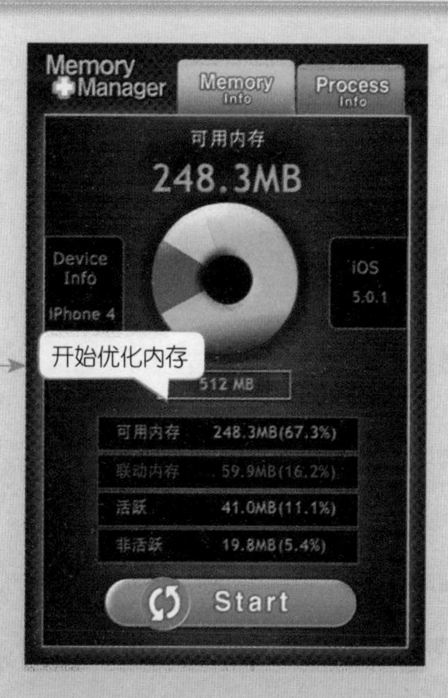

① 在 iPhone 4S 中下载并安装【内存优化大师】软件后，在主界面中单击图标打开该软件。

② 在打开的界面中单击【Start】（开始）按钮，开始自动对 iPhone 4S 内存进行优化。

3. 重置 iPhone 4S

重启或优化 iPhone 4S 内存后，依然运行有问题，但又不知道什么原因的情况下，可以尝试还原所有设置（通讯录、日历、歌曲、视频等不会被删除）以求解决。

❶ 在主屏幕上单击【设置】图标。

❷ 在【设置】界面中单击【通用】选项。

❸ 在【通用】界面中单击【还原】选项。

❹ 在【还原】界面中单击【还原所有设置】选项。

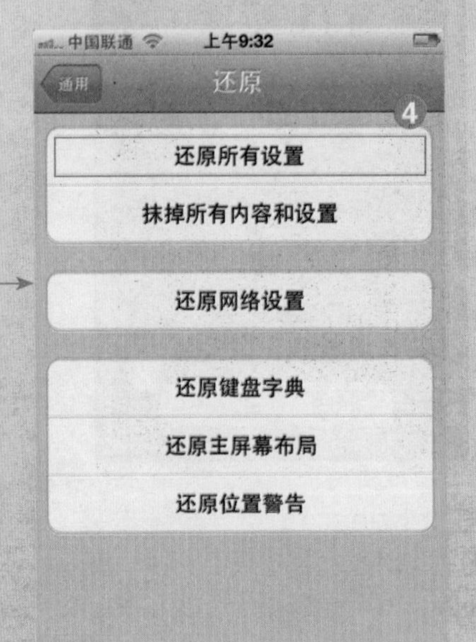

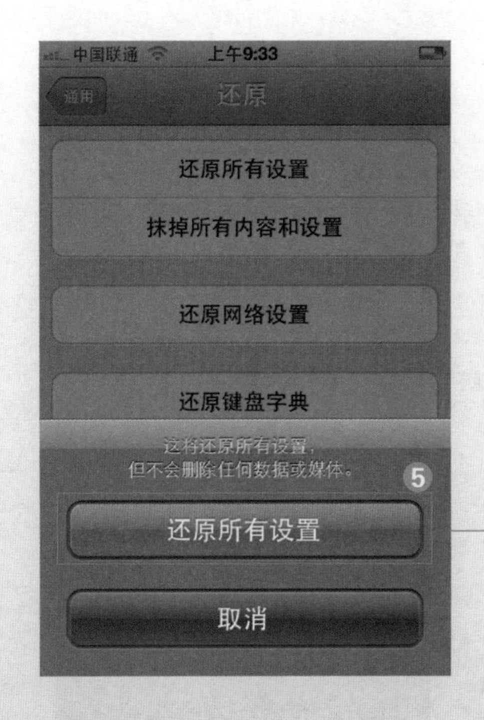

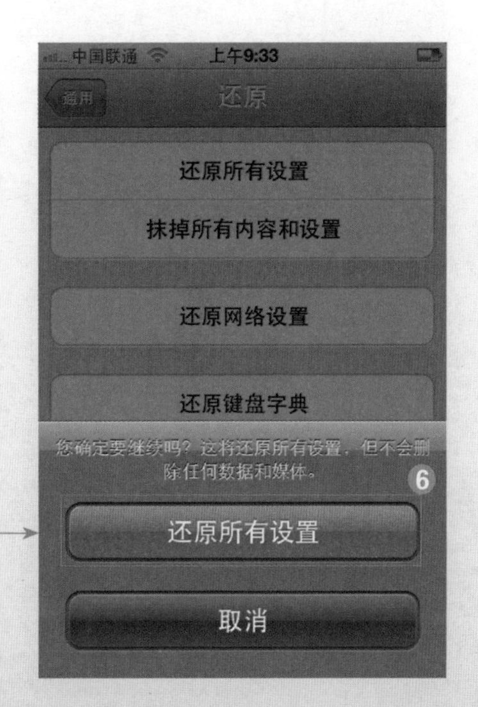

❺ 在下方弹出的对话框中单击【还原所有设置】按钮。

❻ 在弹出的“您确定要继续吗？……”提示框中，单击【还原所有设置】选项即可还原所有设置。

4. 格式化 iPhone 4S

除了重置 iPhone 4S。当然可以选择格式化 iPhone 4S，还原出厂值并抹掉所有数据回到初始状态，这样更直接了当。

❶ 在【设置】➤【通用】➤【还原】中，单击【抹掉所有内容和设置】。

❷ 在界面下方弹出的对话框中，单击【抹掉 iPhone】按钮。

❸ 在弹出的“您确定要继续吗？”提示框中，单击【抹掉 iPhone】选项即可格式化 iPhone 4S。

如果 iPhone 4S 无法进入设置功能，可在 iTunes 中恢复为原始设置。

提示

抹掉 iPhone 4S 之前，要确保将重要数据已备份，否则所有数据将被抹掉。另外，日常为确保数据安全，可在【通用】界面中开启访问限制功能。

秘技 20 程序无法在 iPhone 4S 中删除

在主屏幕上按住图标，直至程序抖动，但始终没有出现删除按钮，以至于无法删除应用程序。那么，究竟是什么原因呢？

原因：(1) 系统自带程序无法删除，如“Safari”、“照片”、“相机”等。

(2) 所有程序均无法删除，由于访问限制打开，禁止删除应用程序操作；

(3) 程序下载未完成，由于一些原因，设备显示已安装完整，却无法删除；

(4) 越狱导致。

解决办法：

1. 关闭访问限制或允许删除应用程序。

❶ 在主屏幕上单击【设置】图标。

② 选择【通用】➤【访问权限】选项，在【访问限制】界面分两次单击【停用访问限制】按钮，在弹出的【输入密码】界面中输入设置的访问密码。

此时，iPhone 4S 已经关闭访问限制，若想启用访问限制，可单击【启用访问限制】选项。

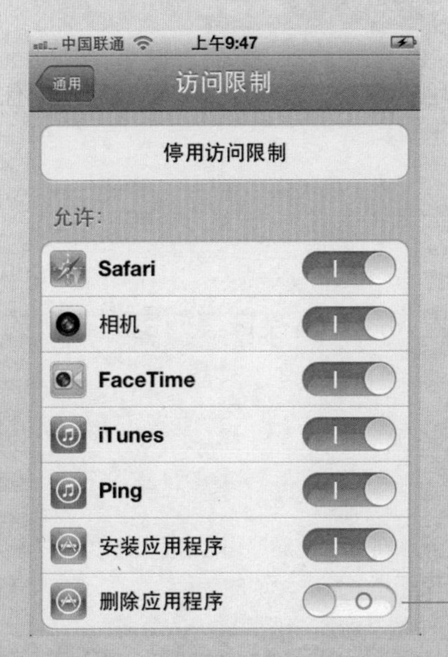

提示

单击【删除应用程序】右侧的 按钮，当该按钮变成 时，表示删除应用程序已经被允许使用。或者单击【停用访问限制】选项，并输入密码也可。

2.iTunes 同步应用程序。

在 iPhone 4S 中下载应用程序的过程中，由于网络不通畅或其他原因，导致设备显示已安装完整，但删除时却无法删除，此时可以使用 iTunes 同步应用程序将该程序同步掉即可。

❶ 使用数据线将 iPhone 4S 与电脑连接。在电脑中运行 iTunes 软件，单击左侧导航栏【设备】下的”龙数码的 iPhone “图标。

❷ 单击【应用程序】选项。

❸ 勾选【同步应用程序】复选框。

❹ 复选要进行同步的应用程序（或者选择应用程序后，直接将其拖曳到右侧的主界面上）。

❺ 单击【应用】按钮，即可开始同步。

3. 利用第三方软件直接删除程序文件

由于使用其他第三方软件，在越狱后安装的应用程序，导致无法删除。此时，可以使用一些软件将该程序文件直接删除并重启设备即可，如 iTools、ifunbox 等。下面讲一下 iTools 的使用。

下载地址：http://itools.hk/tscms/

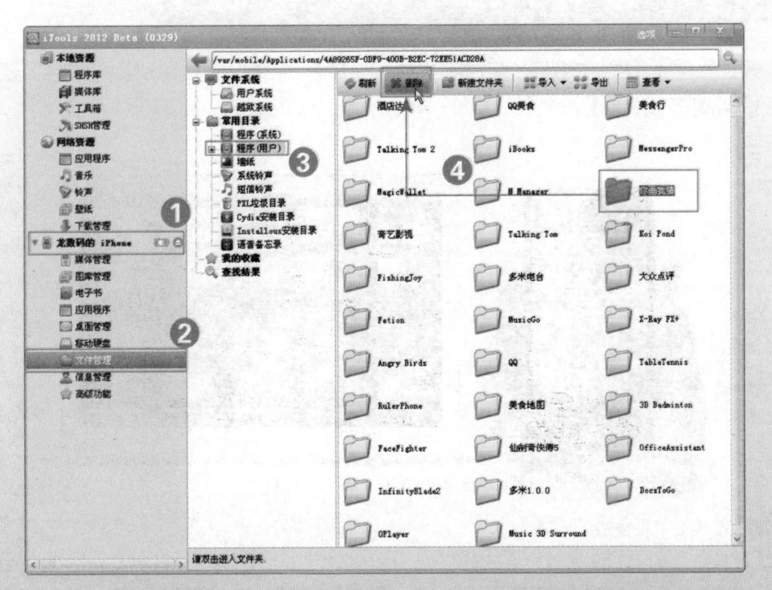

❶ 在电脑中下载并启动“iTools”软件，使用数据线将 iPhone 4S 与电脑连接，在左侧单击识别出的设备名（这里识别的名为“龙数码的 iPhone”）。

❷ 在设备名下方的列表中单击【文件管理】选项。

❸ 在【常用目录】列表中单击【程序（用户）】选项。

❹ 在右侧程序列表中单击要删除的程序文件，并单击【删除】按钮。

❺ 在弹出的提示对话框中，单击【是（Y）】按钮。删除后，退出该软件，并重启 iPhone 4S，即可发现该程序已被删除。

提示

在执行删除程序文件操作时，切勿删除【程序（系统）】下的文件，否则很容易出现各种系统故障，以致系统瘫痪。

秘技 21 iCloud 使用中存在的问题

如今，云计算的运用如火如荼，它已不再是一个陌生的词汇。Apple 公司迎合了云计算时代的发展，给“果粉”们带来了 iCloud。

iCloud 方便了我们存放照片、应用软件、电子邮件、通讯录、日历和文档等内容，而且可以以无线的方式将它们推动到你所有的设备中。例如，最常用的照片流功能，你用一部 iOS 设备拍摄的照片，它会在其他设备照片流中出现。

当然，我们在感慨它给我们带来了极大方便时，却也或多或少遇见一些棘手的问题，把我们弄得焦头烂额。

现象 1 iCloud 备份了哪些东西

当我们兴奋于在设备中进行 iCloud 备份时，却对它具体备份了哪些东西浑然不知。那么，它到底都备份了什么呢？往下看。

iCloud 会备份以下信息。

(1) 购买的应用程序和下载的电子书；

(2) 相机胶卷中的照片和视频；

(3) 设备的设置信息（如设置的墙纸、邮件、通讯录、日历的账户等）；

(4) 应用程序数据；

(5) 主屏幕与应用程序管理；

(6) 信息（iMessage、短信和彩信）。

现象 2 如何使用 iCloud 云备份

用 iCloud 备份绝对是一件方便的事，在设备通电时都会通过 Wi-Fi 对数据进行自动备份。如果不使用 iCloud 去备份，那真是暴殄天物，浪费了这个强大的功能。下面我们就看一下如何使用 iCloud 去备份的。

❶ 在主屏幕上单击【设置】图标。

❷ 在【设置】界面中单击【iCloud】选项。

❸ 在【iCloud】界面中输入【Apple ID】和【密码】，然后单击【登录】按钮即可登录。

❹在【iCloud】界面中单击【储存与备份】选项。

提示

在 iCloud 界面中单击备份项目后面的开关按钮，可选择性地对数据进行备份，这样可以节省 iCloud 存储空间，也可以节省备份时间。

❺单击【iCloud 云备份】右侧的按钮，当该按钮变成时，即开启云备份功能。

⑥ 在弹出的“开始 iCloud 云备份”对话框中，单击“好”按钮。

⑦ 此时【储存与备份】界面底部会出现【立即备份】按钮，单击该按钮，即可开始云备份。

提示

首次对设备进行备份，用时都较长，需耐心等待。

设备在通电情况下，每天都会通过 WLAN 网络对数据信息进行备份。

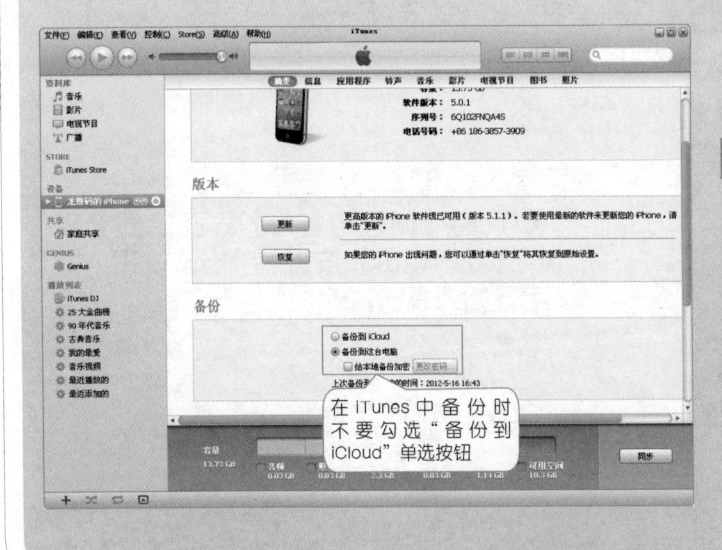

提示

用 iCloud 备份时需要注意的是，iPhone 4S 在与 iTunes 同步时将不再备份到电脑中。

因此，在 iTunes 中备份时，不能勾选“备份到 iCloud"单选按钮。

现象 3 iCloud 云恢复

用 iCloud 进行了备份，那么什么时候需要恢复呢，如何恢复备份的重要信息及设置呢？相信不少人都心存这个疑团。一般系统出现故障，或更新固件时，在 iOS 5 的初始设置界面，就可以选择恢复 iCloud 备份了。

❶ 在初始设置界面中根据向导进行操作，直到进入“选择设置为新的 iPhone 4S 或从备份进行恢复”界面，单击【从 iCloud 云备份恢复】项，然后单击【下一步】按钮。

❷ 输入相应的账号（Apple ID）和密码，然后单击【下一步】按钮。

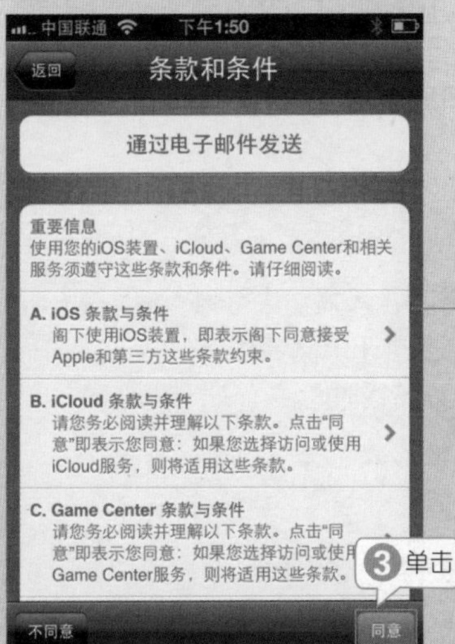

提示

在【设置】界面中，依次单击【通用】➤【还原】➤【还原所有设置】项，或在 iTunes 中恢复、更新固件后，都可以进入初始设置界面。

❸ 在【条款和条件】界面，单击右下角的【同意】按钮，然后在弹出的对话框中，单击【同意】按钮。

❹ 在【选取备份】界面，选择要恢复的最新备份，并单击【恢复】按钮即可进入恢复状态。

❺ 恢复完成后，会自动重启 iPhone 4S。重启后，在主屏幕上弹出的对话框中，单击【好】按钮即可重新下载购买的应用程序和媒体。

提示

下载购买的应用程序速度较慢，也可删除没必要的应用程序或通过 iTunes 将程序同步到 iPhone 4S 中，以节省时间。

现象 4 iCloud 云储存空间不够用

iCloud 云备份时或不知哪一天，莫名地弹出一个提示框说“没有足够的存储”，是不是手足无措，不要紧，几招轻松搞定储存空间问题。

解决办法：

1. 关闭不需要备份的项目。

❶ 在【设置】➤【iCloud】➤【储存与备份】➤【管理储存空间】中，单击要备份的设备名称（这里选择“龙数码的 iPhone”）。

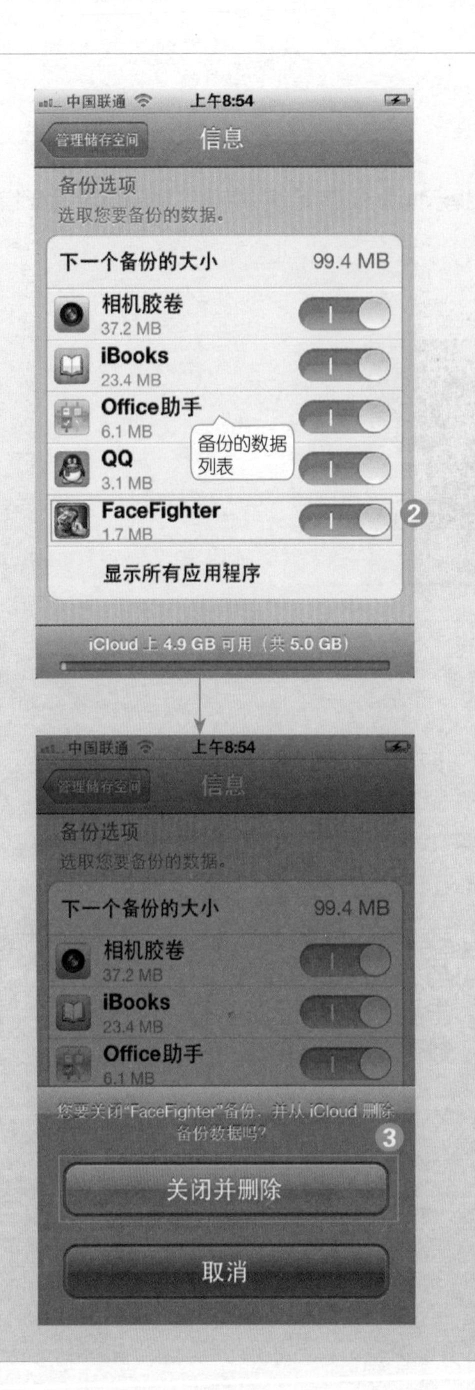

❷ 单击【备份选项】列表下不希望备份的数据，单击程序右侧的按钮。

❸ 在弹出的提示对话框中，单击【关闭并删除】按钮，此时右侧按钮变为，表示已关闭。

提示

除了直接关闭要备份的项目外，也可以直接删除该程序下无用的数据，以减免储存空间的负担。

2. 删除其他备份。

❶ 在【设置】➤【iCloud】➤【储存与备份】➤【管理储存空间】中，单击要备份的设备名称，进入【信息】界面。

❷ 单击【删除备份】按钮。

❸ 在弹出的提示对话框中，单击【关闭并删除】按钮即可。

提示

建议最好在 iPhone 4S 中使用统一的 Apple ID 账号，关闭较大或无关紧要的数据，再行备份。

3. 删除现有备份，再行备份。

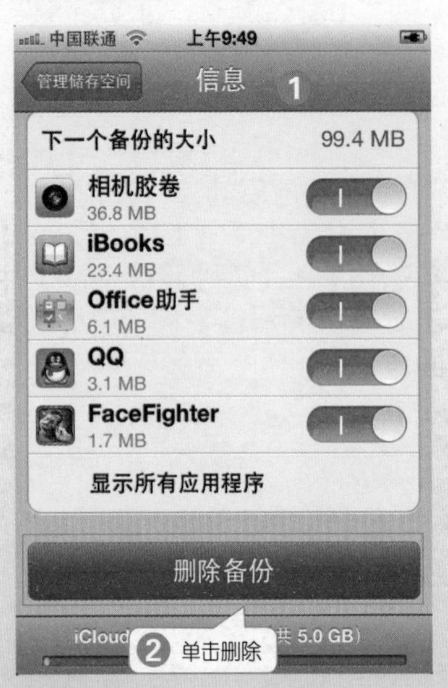

❶ 在【设置】➤【iCloud】➤【储存与备份】➤【管理储存空间】中，单击要备份的设备名称，进入【信息】界面。

❷ 单击【删除备份】按钮删除备份的数据，再对设备进行备份即可。

提示

建议最好在 iPhone 4S 中使用统一的 Apple ID 账号，关闭较大或无关紧要的数据，再行备份。

4. 购买储存空间。

在【设置】➤【iCloud】➤【储存与备份】中，单击【购买更多储存空间】选项，在弹出的对话框中选择要购买的升级方案，并单击对话框右上角的【购买】按钮，进行购买。

5. 在电脑上管理云储存空间。

除了在设备上管理 iCloud 云储存空间，在电脑上也可以，只需下载一个 iCloud 控制面板管理软件即可轻松管理，而且还能使用照片流、联系人、日历等。

下载地址：Windows 平台（仅支持 Windows 7 和 Vista 系统）

http://support.apple.com/downloads/DL1455/zh_CN/iCloudSetup.exe

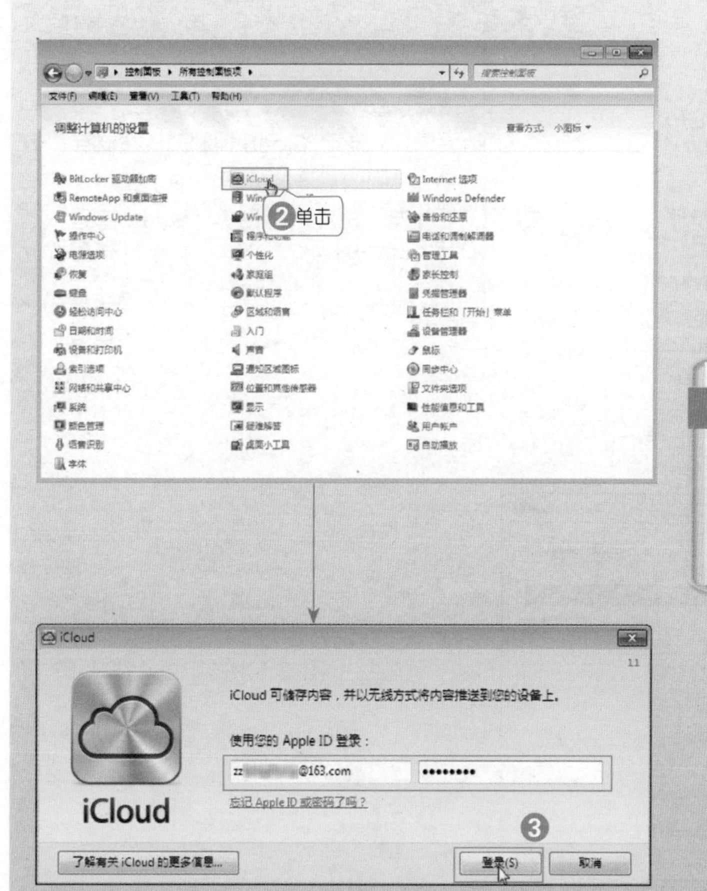

❶ 在电脑中下载并安装 iCloud 控制面板软件后，根据提示重启电脑。

❷ 重启电脑后，进入控制面板界面，单击【iCloud】选项。

提示

MAC 可以安装 OS X Lion 10.7.2 和 iPhoto 9.2 或 Aperture 3.2。

❸ 在 iCloud 登录界面中输入 Apple ID 和密码，然后单击【登录】按钮。

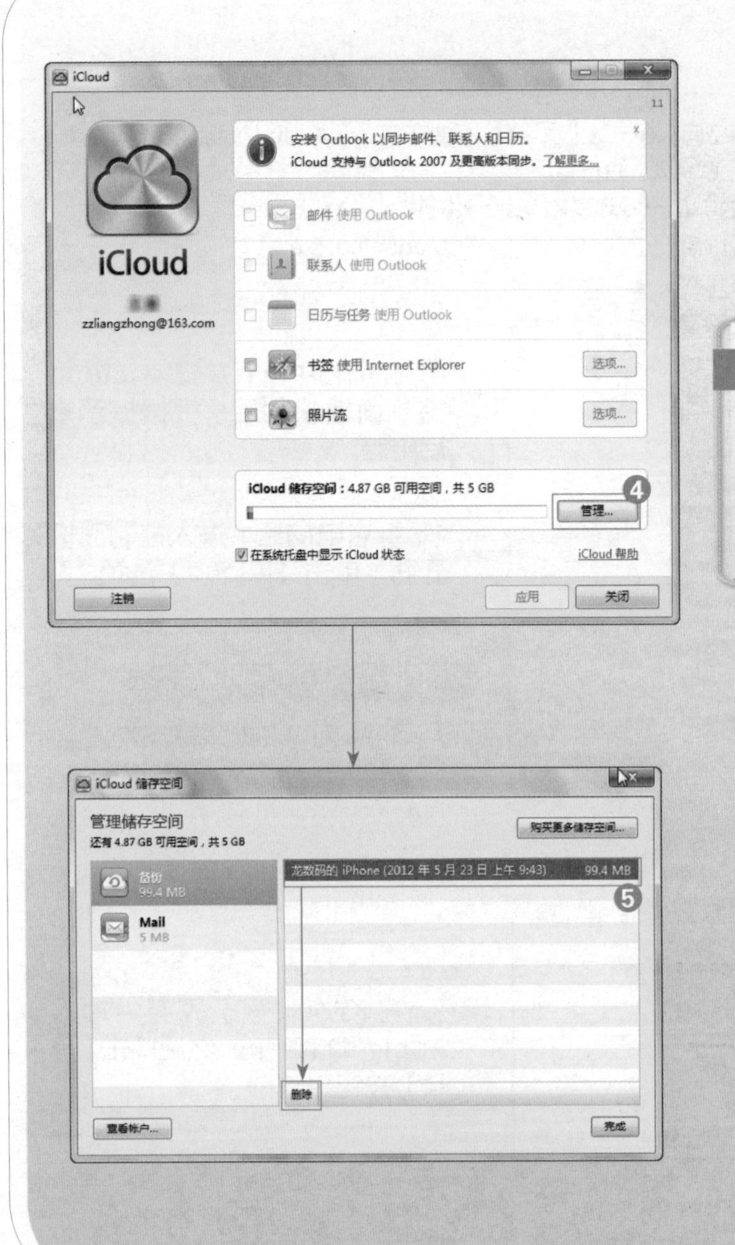

❹ 在 iCloud 界面中单击【管理】按钮。

提示

使用 iCloud 控制面板在储存空间的管理方面很方便，在照片流、联系人、日历、Safari 管理中更为方便。

❺ 选择要删除的备份，然后单击【删除】按钮，进行删除。

秘技 22 照片流使用中的常见问题

在讲照片流之前，我们先说一个趣事。话说有一个 iPhone 4S 用户，不小心将手机丢失了，不过庆幸的是，他使用照片流功能找到了捡到他手机的那个人，最终要回了手机。那么他是如何办到的呢？其实很简单，捡到手机的那个人用 iPhone 4S 玩自拍，就在瞬间的功夫，那些照片就流入到 iPhone 4S 用户的其他 iOS 设备中，找到手机自然不是问题。

我们假设这样的剧情，一个人被绑架了，可以通过照片流传输犯罪人的照片、作案现场等，那破案就更加神速了。当然这些都是玩笑话，旨在让你明白照片流的功能，其实它是很强大的，不过不足的是仅支持 WLAN 网络下的推送。

有了照片流，可以高效管理您的照片，无需同步，无需发送，多台设备同时拥有。
下面也列出了照片流使用中的常见问题，让大家轻松玩转照片流。

现象 1 如何开启照片流功能

开启照片流的步骤相当简单，仅需几步即可完成。

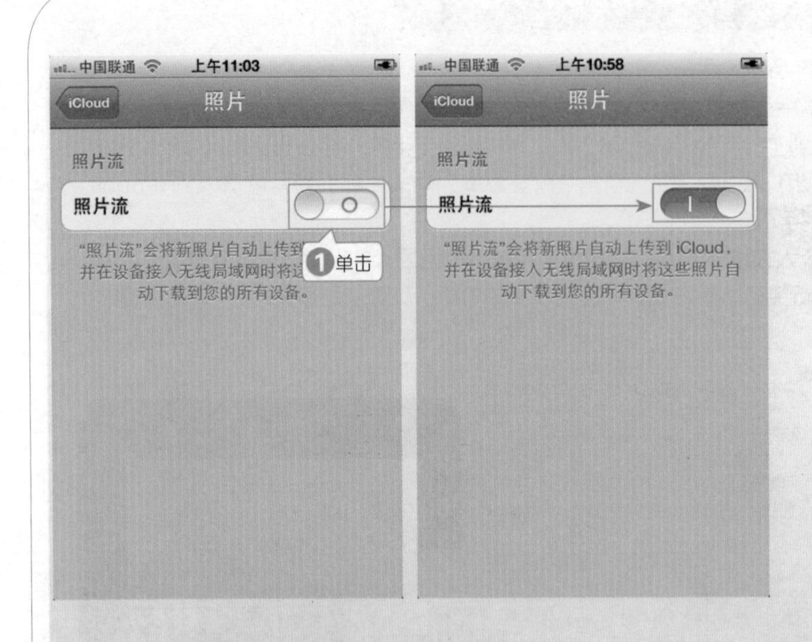

❶ 在【设置】➤【iCloud】中，单击 iCloud 界面中的【照片流】选项，然后单击 按钮，打开照片流功能。

❷ 开启成功后，即可在照片程序中，看到【照片流】相簿，然后在 iOS 设备中拍摄下来的都将自动通过 iCloud 照片流添加到该相簿中。

提示

上传到照片流的照片，会在 iOS 设备中保存最近 30 天的 1000 张照片，因此在足够时间内将照片导入到其他相簿中（方法可参见"现象 2 如何导出照片流中的照片"小节内容），以便在设备中永久保存。

现象 2 如何导出照片流中的照片

照片流中的照片有 30 天的“保质期”，如果过了 30 天就自动删除了，那么如何才能避免这样的悲剧发生呢，那就是将照片导出来，以便永久保存。

1. 导入到其他相簿中

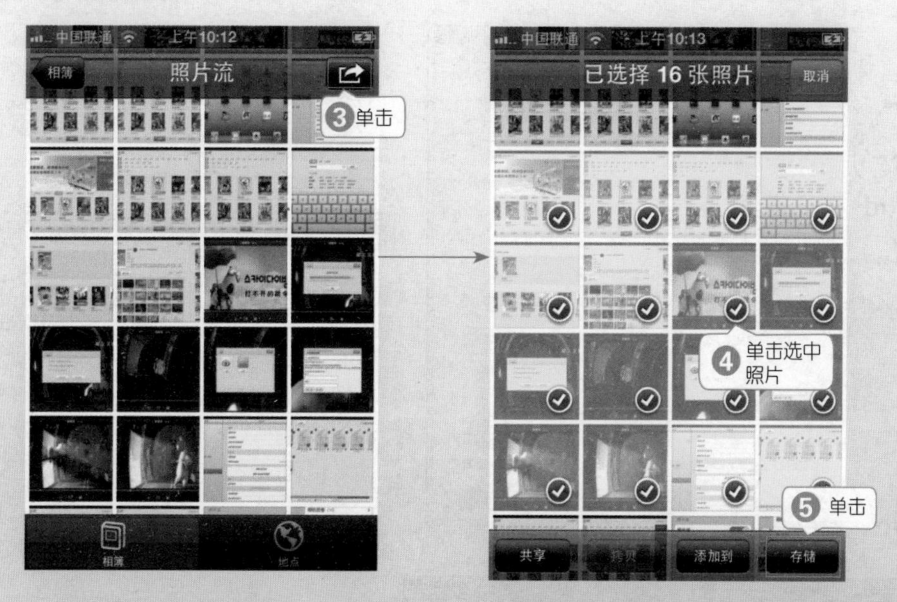

❶ 在主屏幕上单击【照片】图标。 ❷ 在【照片】界面中单击【照片流】相册选项。

❸ 单击右上角的图标。

❹ 选择要存储到其他相册的照片，这时被选中的照片上显示图标。

❺ 单击【存储】按钮即可将选中的照片存储到【相机胶卷】相册中。

> **提示**
>
> 也可以单击【添加到】按钮，将照片添加到一个新的相簿，存储导出的照片。

2. 导入到电脑中

虽然可以将照片流中的照片导入到其他相簿中，然后使用 iTunes 或其他软件工具导入到电脑中，但是方法却显得格外蹩脚。使用 iCloud 控制面板可以轻松将照片流中的照片导入到电脑中。

❶ 打开 iCloud 控制面板，并登录 iCloud。

提示

如果无法执行步骤 ❷ 的操作(找不到文件夹地址)，可在 iCloud 控制面板上单击【照片流】右侧的【选项】按钮，即可显示下载和上传文件夹的具体位置。

也可以通过【选项】按钮来更改位置。

❷ 在桌面上打开【我的文档】文件夹，打开我的图片\Photo Stream\My Photo Stream"文件夹，选择要导出的照片(按【Ctrl+A】组合键可全选)，并单击鼠标右键，在弹出的快捷菜单中单击【复制】选项。

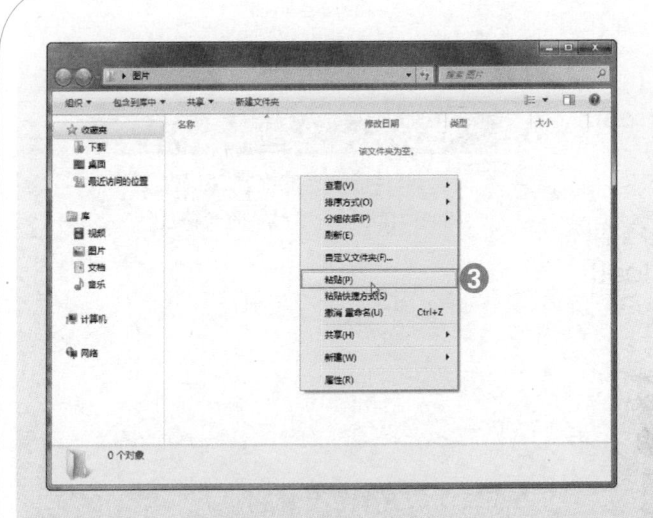

③ 在电脑中新建一个文件夹并将其打开，单击鼠标右键，在弹出的快捷菜单中选择【粘贴】选项即可导出照片。

现象 3 将照片导入到设备的照片流相簿

将电脑中的照片导入到照片流相簿中，让其他 iOS 设备共同分享，那该有多好。是的，仅需几步，轻松实现。

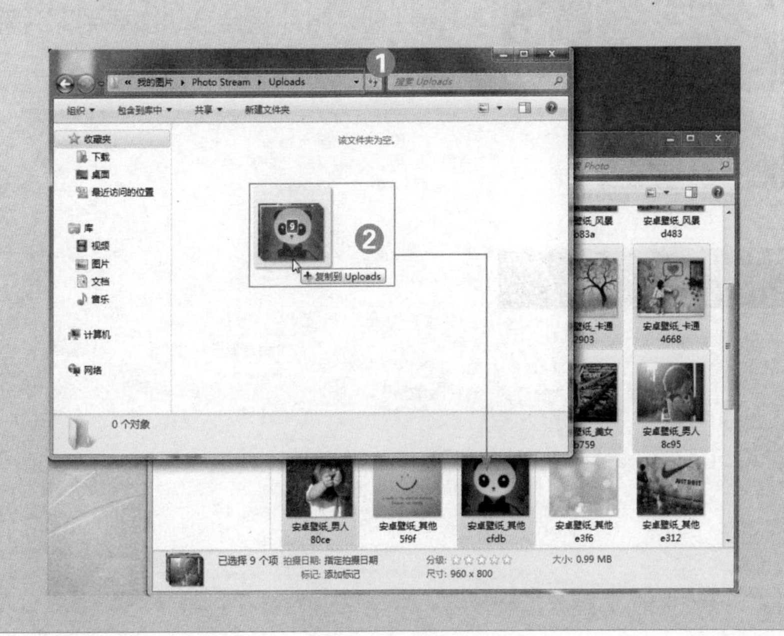

❶ 打开桌面上的【我的文档】，然后打开“我的图片\Photo Stream\Uploads”文件夹。

❷ 打开照片所在的文件夹，选择要添加的照片，将其拖曳至“Uploads”文件夹中即可。

提示

照片流支持的格式 JPEG、TIFF、PNG 和大部分 RAW 照片格式。

❸ 将 iPhone 4S 接入 WLAN 网络，稍等片刻，照片就会自动加载到照片流中。

现象 4 如何在 iCloud 中删除照片流中的照片

下面看一下如何在 iCloud 中将照片流中的照片删除。

❶ 在电脑中打开 Internet 网页浏览器，登录 icloud.com。

❷ 在登录框中输入 Apple ID 账户和密码，按【Enter】键登录。

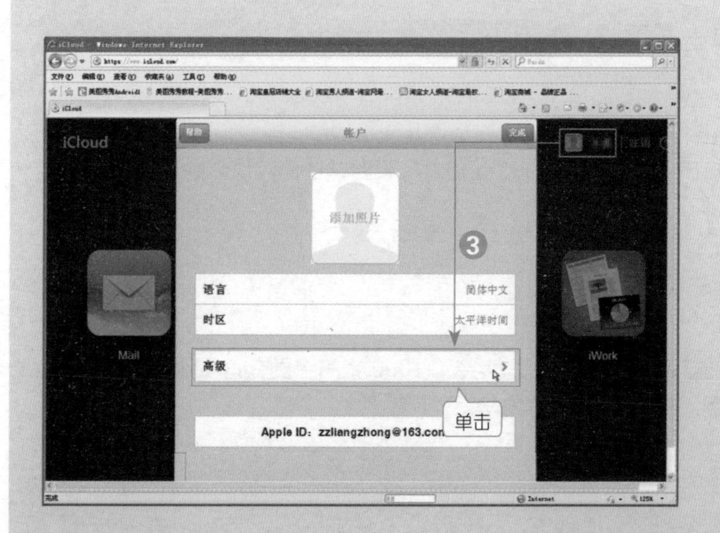

❸ 单击页面右上角的账户，在弹出的【账户】对话框中单击【高级】选项。

❹ 在【高级】对话框中单击【重设 Photo Stream】选项。

❺ 在【重设 Photo Stream】对话框中，单击【重设】按钮即可。

提示

iOS 系统固件版本 5.1 可直接在设备上删除照片流中的单张或多张照片，同时 iCloud 中，照片流的照片也会被删除 。

现象 5 如何在设备中删除照片流中的照片

我们将照片流中的照片导出后，自然不希望这些照片浪费了 1000 张的宝贵空间，删除了 iCloud 中的照片后，就可以删除设备中的照片，下面看一下操作方法。

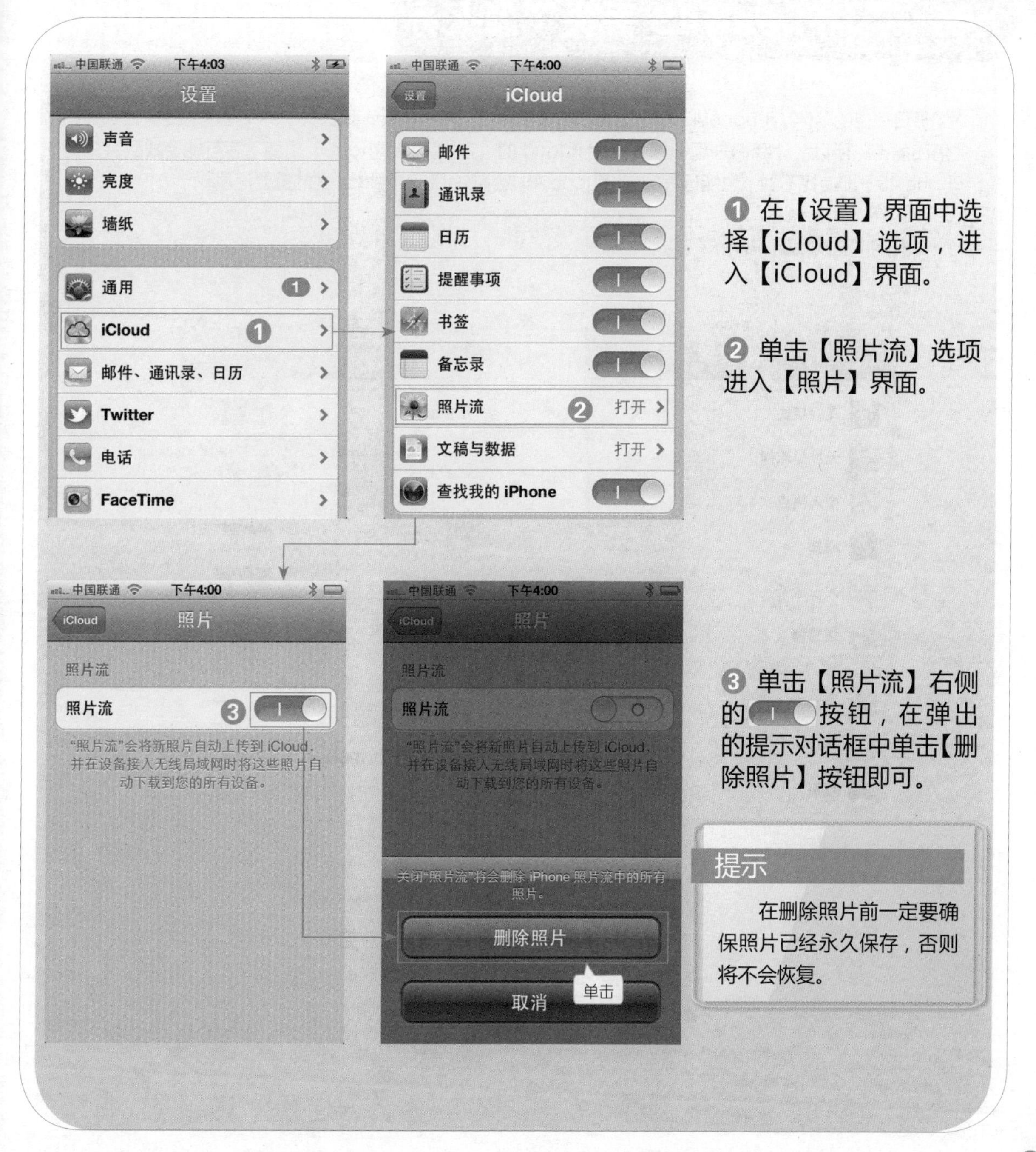

❶ 在【设置】界面中选择【iCloud】选项，进入【iCloud】界面。

❷ 单击【照片流】选项进入【照片】界面。

❸ 单击【照片流】右侧的按钮，在弹出的提示对话框中单击【删除照片】按钮即可。

提示

在删除照片前一定要确保照片已经永久保存，否则将不会恢复。

秘技 23 iPhone 4S 丢失了怎么办

日日夜夜的陪伴，iPhone 4S 早已成为你的亲密伴侣，万一哪天不慎丢失，你又怎能忍受失去伙伴的失落和痛苦。所以，让我们未雨绸缪，使用 iCloud 的“查找我的 iPhone”功能，有可能会找到丢失的 iPhone 4S，即使找不到，也能远程锁定 iPhone 4S 或清除 iPhone 4S 上面的重要信息。

1. 开启“查找我的 iPhone”功能

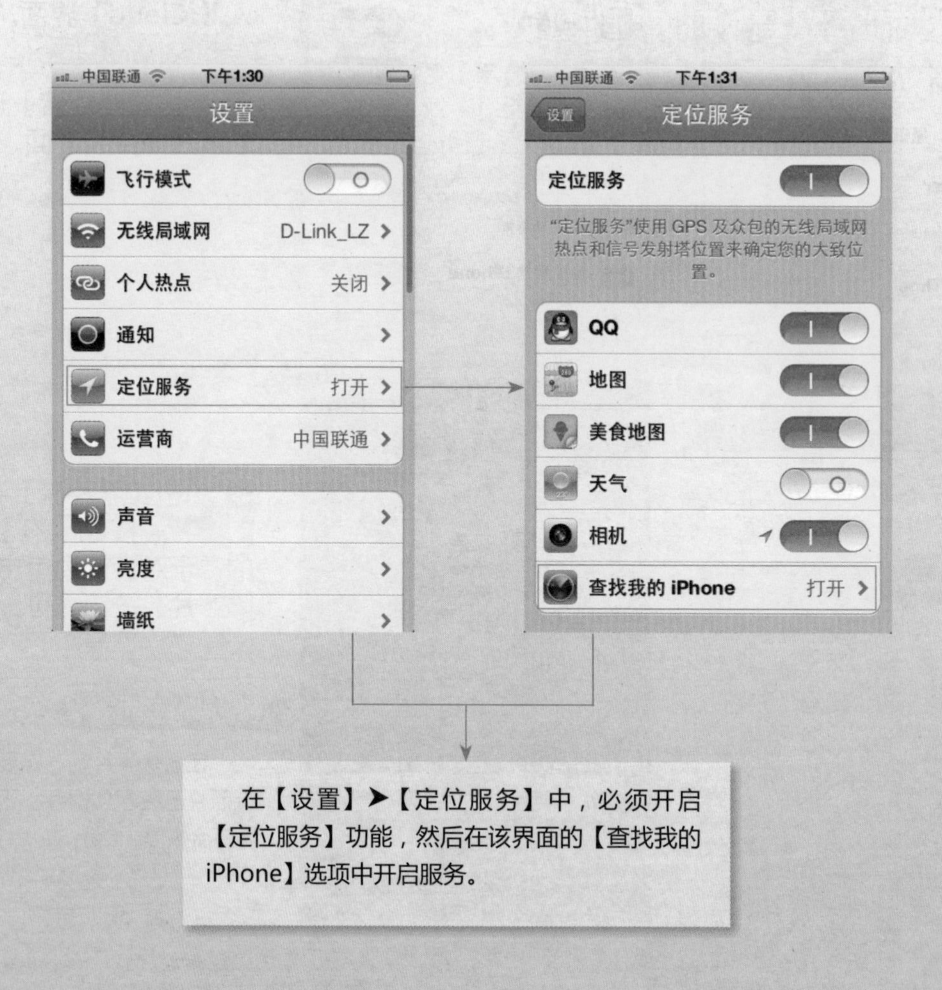

也可在【iCloud】中，开启【查找我的 iPhone】服务，但前提还是需要开启定位服务。

2. 丢失的 iPhone 4S 在哪儿

iPhone 4S 不见之后，相信你一定急于知道它到底在哪儿，那么一起来看看丢失了的 iPhone 4S 的具体位置吧。

在电脑上登录 https://www.icloud.com 网页后（Apple ID 账号需和 iPhone 4S 上的账号保持一致），然后单击【查找我的 iPhone】图标。

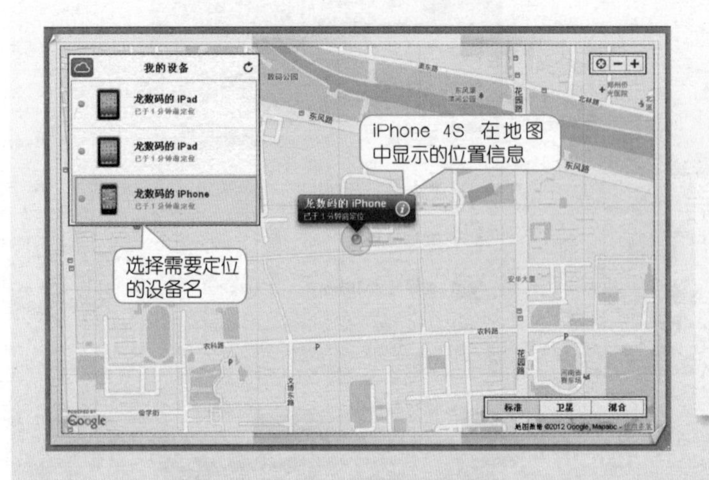

稍等片刻后，Google 地图上就会显示 iPhone 4S 的位置信息。

注意：可通过使用 IE 代理来显示地图，具体操作可在网上搜索，此处不再详细说明。）

3. 发送通知信息

我们可以将自己的联系方式以信息的形式发送给 iPhone 4S，以便捡到 iPhone 4S 的人联系到自己。

❶ 在地图页面查看 iPhone 4S 设备信息，单击【龙数码的 iPhone（设备名）】右侧的ⓘ图标。

❷ 在弹出的【信息】对话框中，单击【播放铃声或发送信息】选项。

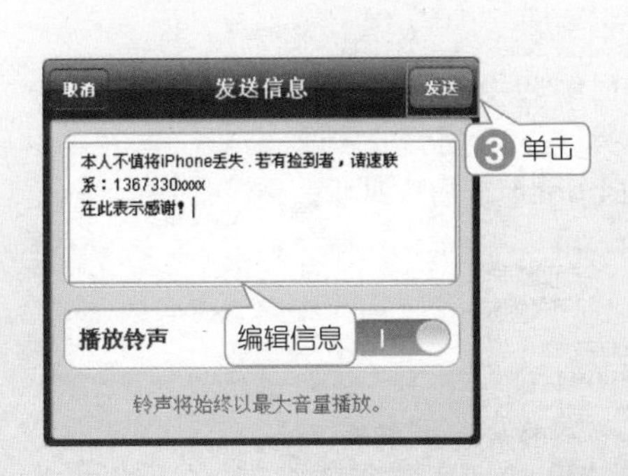

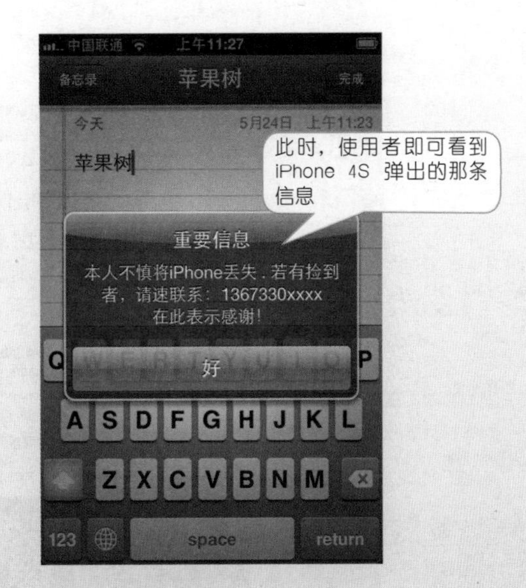

③ 在【发送信息】对话框中编辑信息后，单击【发送】按钮即可。

4. 远程锁定 iPhone 4S

在电脑上也可对 iPhone 4S 进行远程锁定操作，避免丢失后他们随意操作 iPhone 4S，窃取其中的信息。

提示

如果 iPhone 4S 已经启用屏幕锁定密码，此时会直接弹出对话框提示是否使用现有密码，单击【锁定 iPhone】按钮，即可使用现有密码锁定。

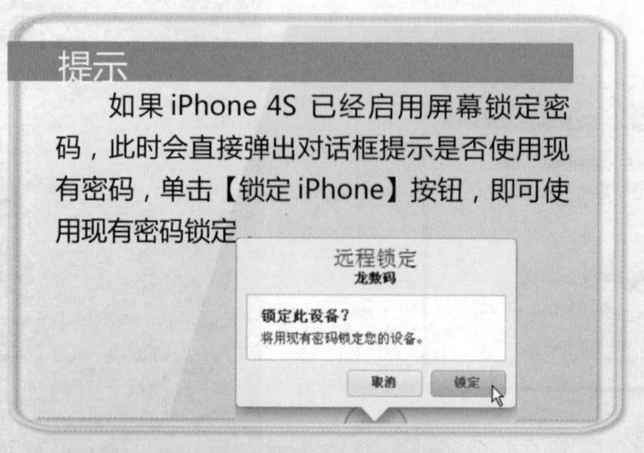

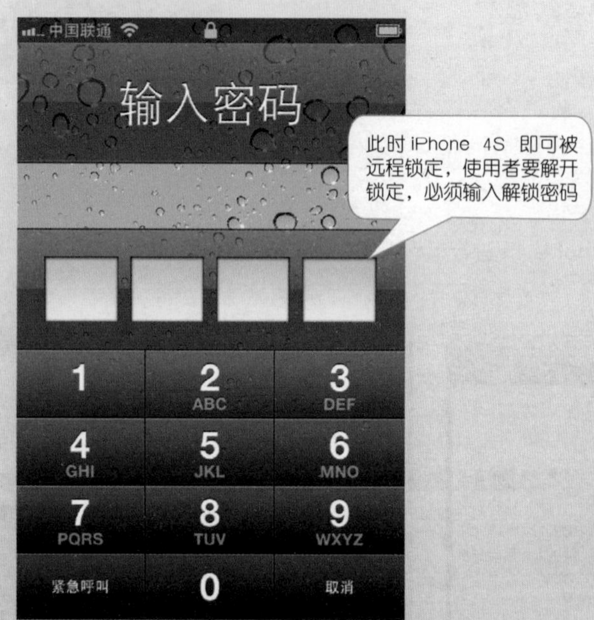

5. 远程清除 iPhone 4S 中的信息

iPhone 4S 丢失后，远程清除 iPhone 4S 中的信息，可以防止他人窃取私人信息。

❶ 在“信息”对话框中，单击【远程擦除】按钮。

❷ 单击【擦除 iPhone】按钮，即可永久地删除 iPhone 4S 上的所有媒体数据，并恢复为出厂设置。

秘技 24 iPhone 4S 固件的升级

固件可以认为是苹果手持设备的操作系统，就像电脑中的 Windows XP。如果一台设备中没有固件，那么这台设备就像是一台没有操作系统的计算机，什么事情都做不了。下面就看一下如何给设备升级固件。

现象 1 根据提示更新固件

苹果公司每隔一段时间就会发布新的设备固件，这些固件在原有的版本上会添加某些功能或修复某些漏洞。这时，iTunes 就会提示设备可更新，用户就可根据提示升级设备的固件。

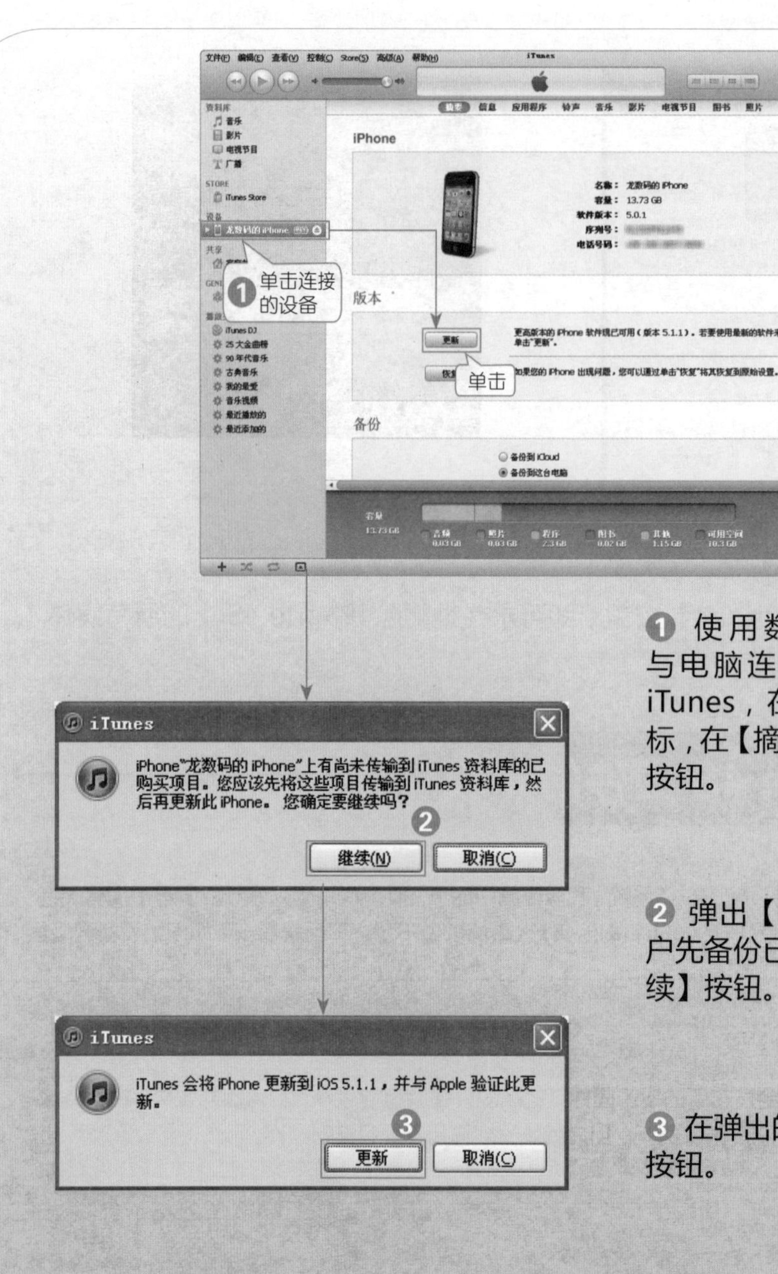

❶ 使用数据线将苹果手持设备与电脑连接，之后在电脑中运行 iTunes，在左侧单击连接的设备图标，在【摘要】选项卡下单击【更新】按钮。

❷ 弹出【iTunes】对话框，提示用户先备份已购买项目，这里单击【继续】按钮。

❸ 在弹出的提示框中，单击【更新】按钮。

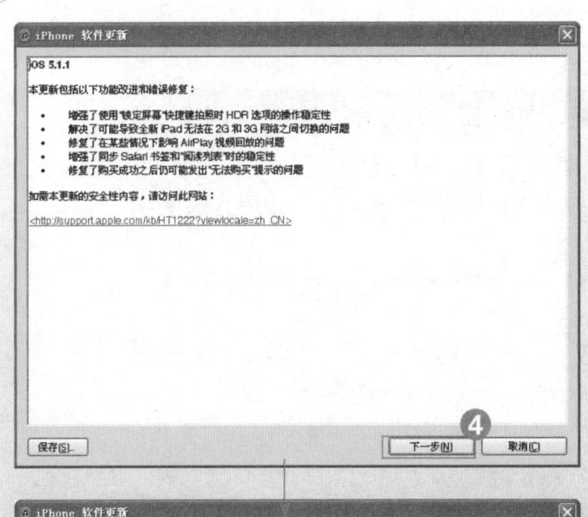

❹ 弹出【iPhone 软件更新】对话框，单击【下一步】按钮。

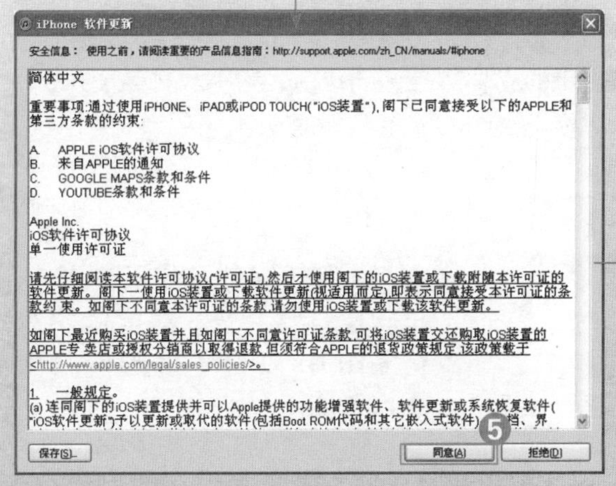

❺ 之后询问用户是否同意软件更新的许可协议，这里单击【同意】按钮。

下载软件、更新软件、验证软件及更新固件

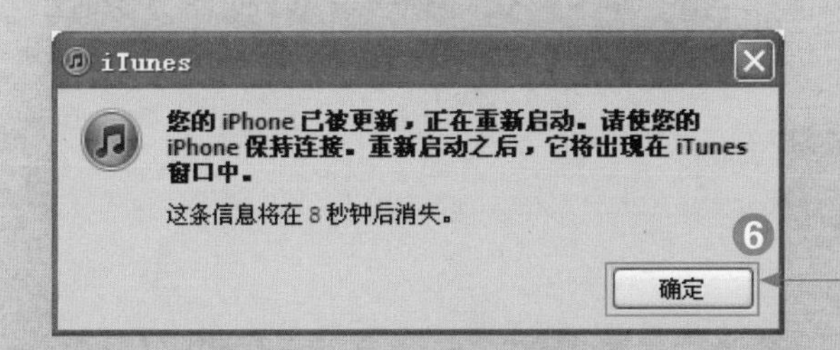

❻ 片刻之后再次弹出【iTunes】对话框，提示用户已恢复出厂值，需要重启设备。这里单击【确定】按钮。返回到iTunes主界面，查看更新后版本的信息。

提示

升级后，可通过 iTunes 或 iCloud 备份进行恢复。

另外，如果之前苹果手持设备已经越狱，则固件升级后为未越狱状态，需要重新进行越狱。

所以，固件升级前要确认一下，要升级到的固件版本是否已经可以完美越狱。

现象 2 手动升级固件

使用自动升级方式只能将固件升级到目前的最新版本，但是一般情况下最新版本都无法完美越狱。如果需要越狱，则需要将固件手动升级到可以完美越狱的版本，在手动升级前，还需要先下载要升级到的固件版本。

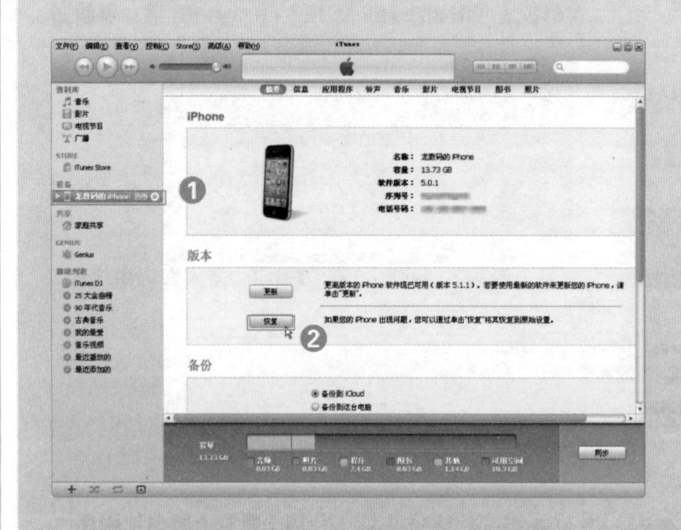

❶ 使用数据线将 iPhone 4S 与电脑连接起来。在电脑中运行 iTunes 软件，单击识别出的设备名。

❷ 在【摘要】选项卡下按住【Shift】键的同时，单击【恢复】按钮。

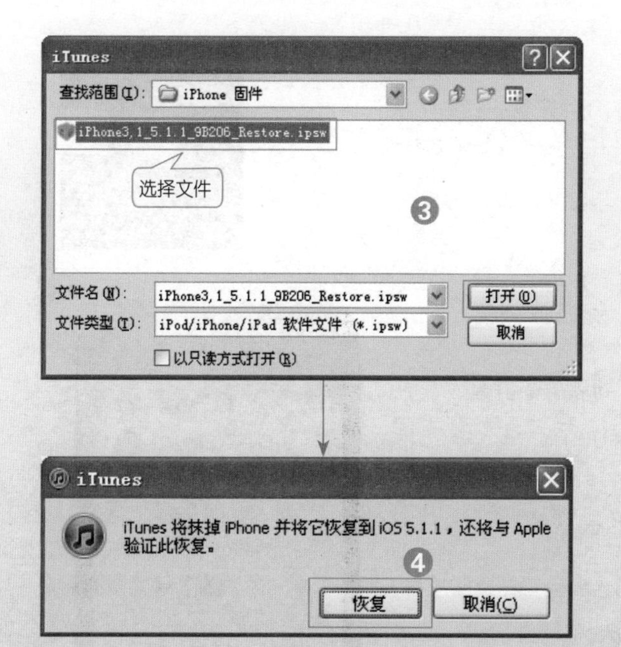

根据 iPhone 4S 的类型和自己的需要，可以到如下网站选择下载固件：

http://www.weiphone.com/ios/

http://www.app111.com/ios.html

❸ 在打开的【iTunes】对话框中选择下载的版本固件，并单击【打开】按钮。

❹ 在弹出的提示对话框中，单击【恢复】按钮后，等待固件更新即可。

提示

手动升级固件，虽然需要提前下载好固件，但比在 iTunes 中下载固件要节省时间。

另外，恢复之后所有的数据和设置都会被删除。

秘技 25 白苹果的自救方式

你在开机时出现白苹果画面，屏幕一直停留在这个画面，无法进入系统，那么很遗憾地告诉你，你中招了，这就是传说中的白苹果。不过先别担心，要相信纸老虎并不可怕，你可以解决的。

造成白苹果的原因有很多种，这里介绍常见的几种现象及解决办法。

现象 1 正常使用中出现白苹果现象

原因：多为外界环境过热或者 iPhone 4S 受到剧烈的震动，也有可能是因为第三方软件编写不完善。

解决办法：长按【Home+Power】键直到黑屏，再重新开机。

现象 2 安装软件、字体时出现白苹果现象

原因：系统不稳定或者软件、字体产生冲突所致。

1. iTunes 能识别 iPhone 4S 时的解决方法

① 使用数据线连接电脑和 iPhone 4S，并启动 iTunes，iTunes 识别出 iPhone 4S 后，先备份 iPhone 4S 中所有的资料。

2 卸载所有可疑的软件。在卸载软件之前一定要先关闭该软件。如果安装程序后，就已经开始白苹果，则可尝试使用 WinScp 或第三方资源管理软件访问 iPhone 4S，删除之前安装的软件文件夹。

2. iTunes 不能识别 iPhone 4S 时的解决办法

如果上述的两种方法对你的 iPhone 4S 都无效，且没有其他解决的办法，你可以选择重刷固件的方法。

重刷固件的方法相当于把 iPhone 4S 格式化，并重新安装系统，这样 iPhone 4S 中的数据也会被删除。

❶ 长按【Home+Power】键，iPhone 4S 画面全变黑后，松开所有键。

❷ 按住【Home+Power】键，出现白苹果的图案后，松开【Power】键，继续按住【Home】键。

❸ iPhone 4S 出现 USB 先连接 iTunes 的画面，松开【Home】键。

❹ 使用数据线将 iPhone 4S 与电脑连接，在电脑中启动 iTunes，单击识别出的 iPhone 4S，然后单击【摘要】按钮，最后单击“版本”选项下的【恢复】按钮。

❺ 在弹出的提示框中单击【恢复并更新】按钮，即可将 iPhone 4S 恢复为出厂值。

提示

此时，也可自行下载官方固件，按住【Shift】键的同时，单击【恢复】按钮进行刷机。

要进行恢复操作，电脑需要联网。

第 4 篇

进阶秘笈

掌握 iPhone 4S 的使用技巧，让你轻松玩转，焕发 iPhone 4S 的神奇魔力。

进阶难题，动手解决

秘技 26 iPhone 4S 的完美越狱

自从有了 iPhone 4S，“越狱”这个词汇，相信你并不会感到陌生，但是谈到给设备越狱，却没有了十足的底气，变得百般纠结。没关系，读完本节，去找到适合你的越狱方法，让越狱不再困扰你。

不管是什么版本固件的越狱，还是什么方法，一般只需谨记 3 个步骤，即可轻松完成越狱。

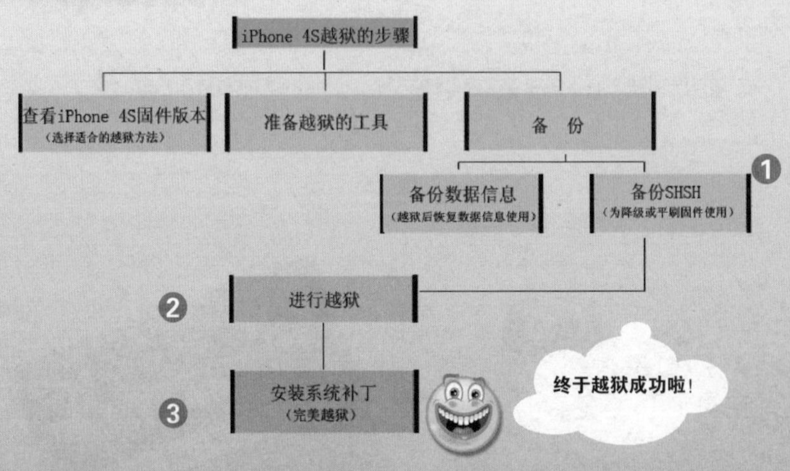

方法 1 常规的越狱方法

这里所说的常规的越狱方法，指我们使用红雪或绿毒等越狱工具直接对设备进行越狱，操作起来有些较为复杂，但较容易成功。

01 越狱前准备

越狱前需要下载并安装一下软件（以 iPhone 4S 为例，固件版本为 iOS 5.1.1)。

软件名称	下载网址	软件作用
10.6.1 及以上版本的 iTunes	http://www.apple.com.cn/itunes/download/	备份和恢复 iPhone 4S 中的备忘录、应用程序等数据
Absinthe v2.0.1		越狱的主要工具
iTools	http://itools.hk/tscms/	备份 SHSH

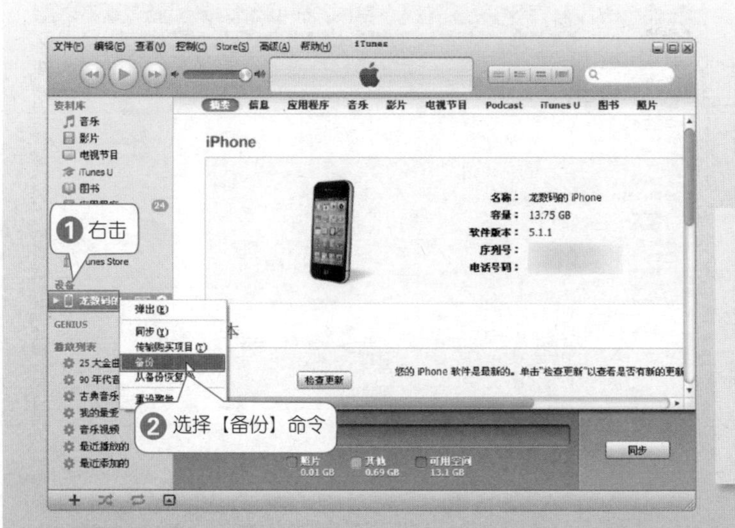

使用数据线连接设备与电脑，启动 iTunes，右击识别出的设备名称，在弹出的快捷菜单中选择【备份】命令，即可备份。

使用 iTunes 将 iPhone 4S 的固件版本升级到 5.1.1。

使用数据线连接设备与电脑，并运行下载的 iTools 软件，当识别出 iPhone 4S 后，在左侧列表中单击【SHSH 管理】选项。单击【保存 SHSH】按钮，此时该软件就会开始获取 SHSH 信息并保存。

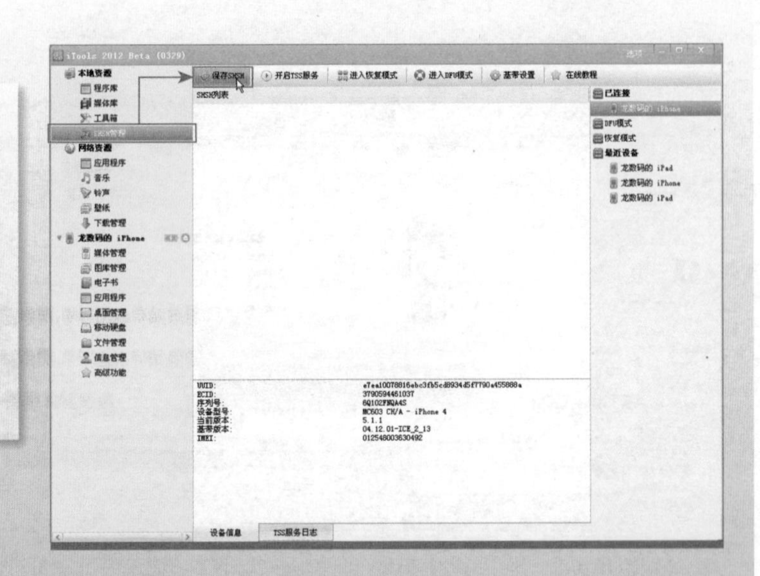

此时，可以在 SHSH 列表中看到备份的 SHSH 信息。

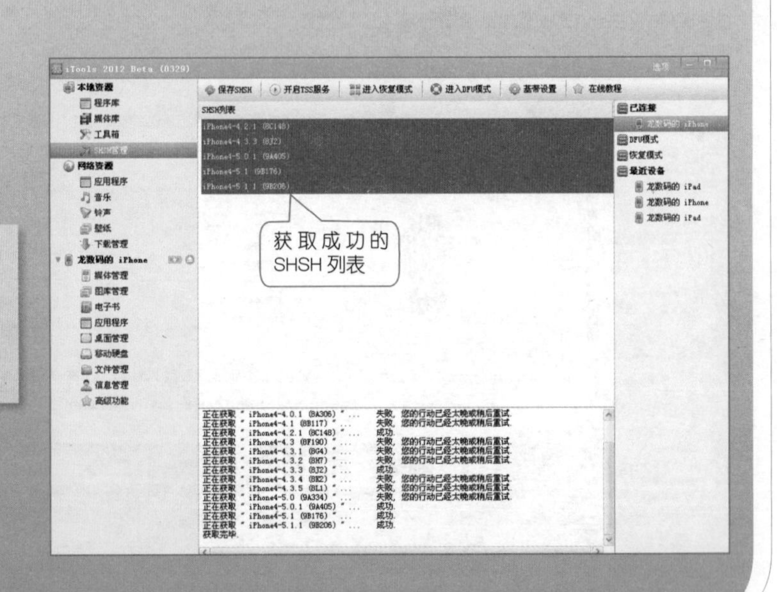

02 开始刷机

❶将下载好的 Absinthe 解压出来。

❷ 打开解压的文件夹，右击“absinthe”图标，在弹出的快捷菜单中单击【以管理员身份运行】选项（Windows XP 系统可直接双击打开）。

❸ 打开该软件后，将设备连接到电脑上，软件会自动检测设备，待识别后，单击【Jailbreak】按钮，此时设备就进入了越狱状态。

❹ 此时，正在越狱过程中，不要断开 USB 连线，否则会造成系统出现错误，导致无法使用。

❺ 进度条走完后，此时可以看到软件界面上出现“Done,enjoy!”字样，表示 iPhone 4S 越狱成功。

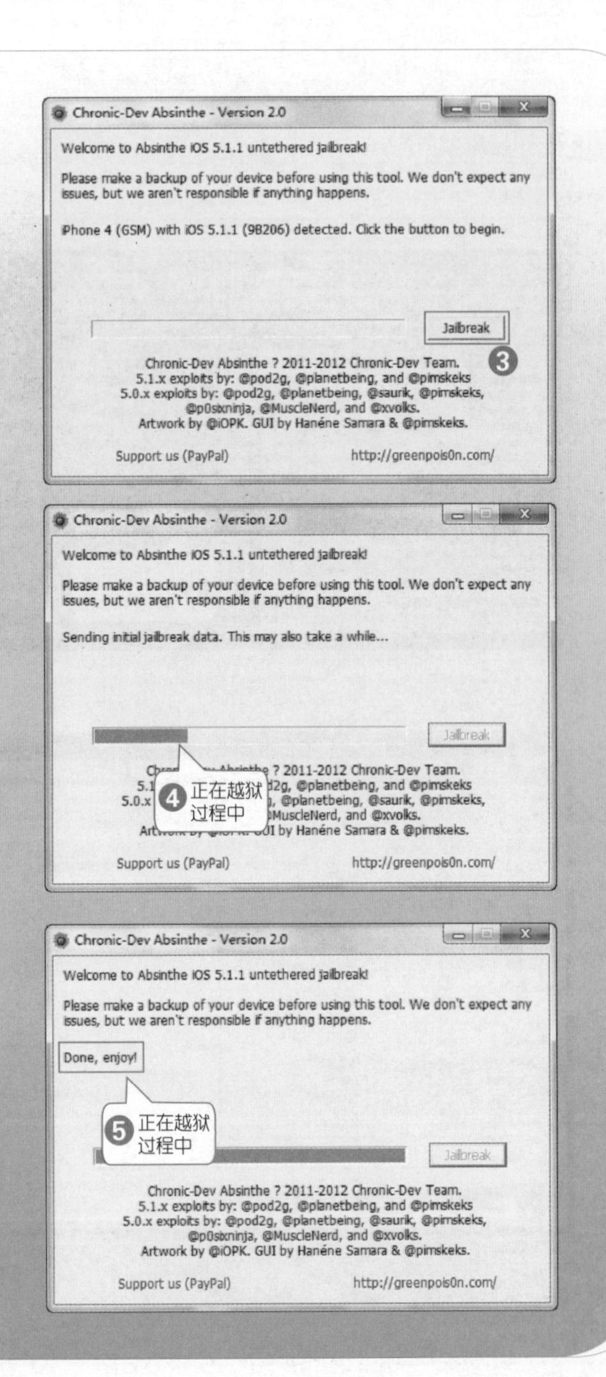

❻ 在手机屏幕上会出现【Cydia】图标，单击该图标，此时会自动准备文件系统，待完成后会返回到手机屏幕桌面。此时，表示越狱成功，但并不是完美越狱，还需要对系统打补丁。

03 安装系统补丁

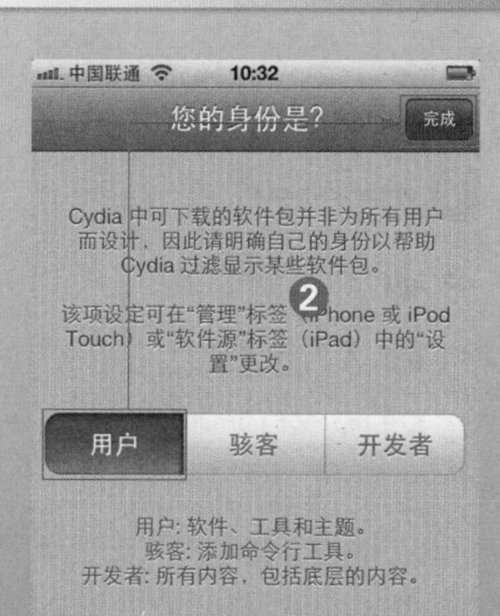

❶ 单击屏幕上的【Cydia】图标。

❷ 在打开的页面中出现 3 个按钮，这里单击【用户】按钮，然后单击【完成】按钮。

❸ 进入 Cydia 主页后，单击底部的【管理】按钮。

❹ 单击【软件源】选项。

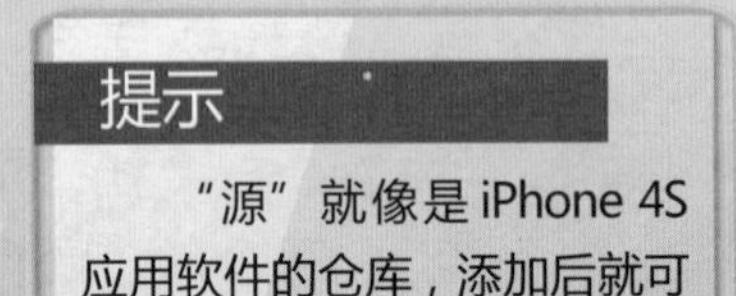

“源”就像是 iPhone 4S 应用软件的仓库，添加后就可以从这里面下载软件和插件了。

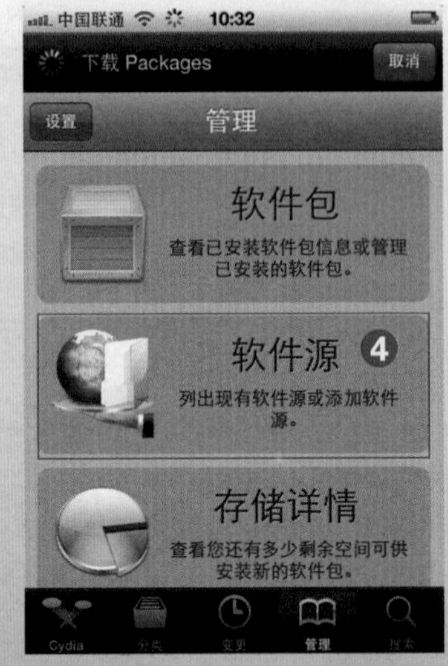

❺ 进入软件源页面后，单击右侧的【编辑】按钮，然后单击页面左侧的【添加】按钮。

❻ 在弹出的【输入Cydia/APT地址】对话框中输入"http://cydia.hackulo.us"。单击【添加源】按钮，此时会弹出【软件源警告】对话框，单击【仍然添加】按钮。

❼ 之后开始更新软件源，待软件更新完成后，单击【回到 Cydia】选项。

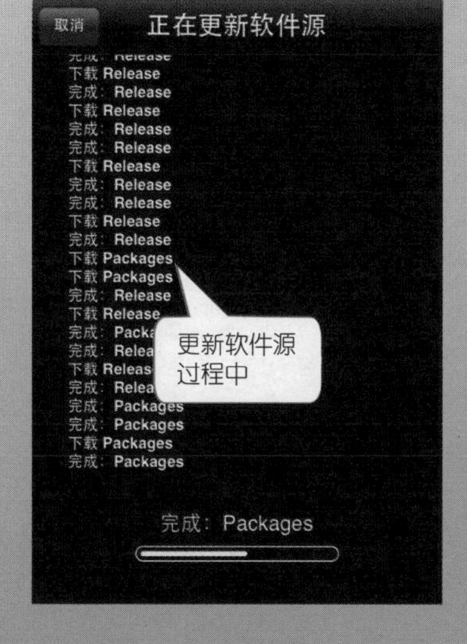

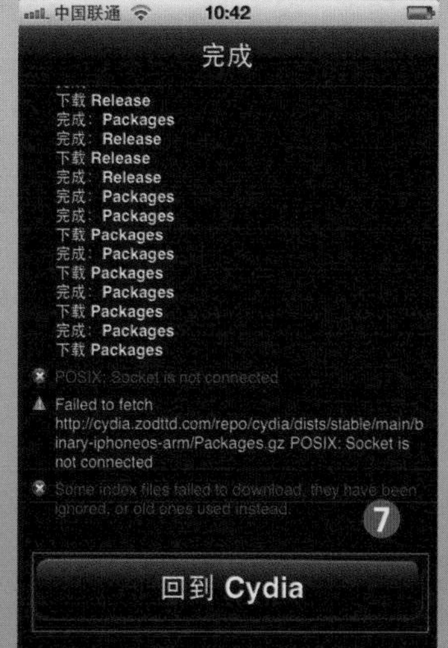

❽ 之后可以看到在【软件源】选项中多出了新添加的源，这里单击【Hackulo.us】选项。然后单击“AppSync for iOS 5.0+”选项。

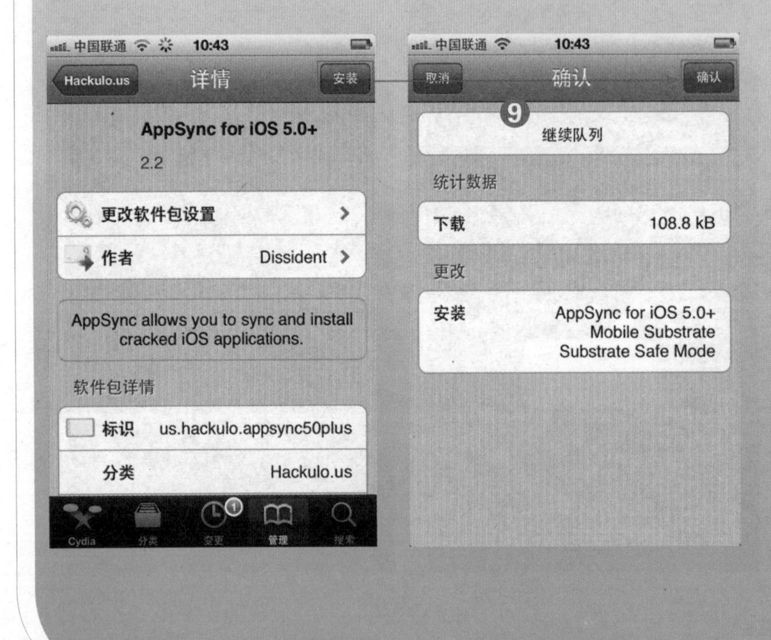

❾ 在弹出的对话框中单击【安装】按钮。在弹出的安装界面中单击【确认】按钮。

⑩ 待系统自动下载并安装 AppSync 完成后，单击【重启 SpringBoard】按钮即可。

提示

至此，"越狱"补丁已安装成功，并实现 iPhone 4S 的完美越狱。

方法 2　一键越狱的方法

鉴于常规方法需要找相匹配的越狱工具和方法，"PP 越狱助手"恰恰解决了这些麻烦，自动根据设备调出相应的工具和越狱方法，让你轻松完成越狱。

软件下载地址：http://www.25pp.com/。

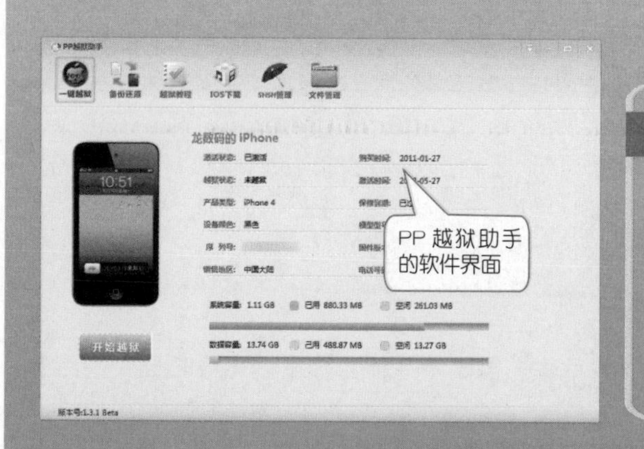

提示

下载完毕后，将其解压出来并打开软件，然后连接设备，待软件识别后，单击软件主页面的【开始越狱】按钮，按软件操作提示进行越狱即可，越狱完成后，还需要对设备的系统打补丁，方法参见上小节内容。

秘技 27　备份 SHSH 的问题

SHSH 是什么？为什么要备份 SHSH ？怎么才能成功备份 SHSH……这些问题或多或少会困惑你，一味地按照别人的说法去做，却不知其因，下面就对这些问题进行解答。

现象 1　为什么要备份 SHSH

有时候，我们将设备升级到某个固件版本之后，由于某些需求（比如越狱等），需要再把版本降到原来的版本，但令人尴尬的是，如果你之前没有备份原有版本的 SHSH，就会发现根本无法成功降级。

SHSH 是苹果官方服务器根据每台设备的识别码和当前版本的系统运算得来的一个签名文件，和设备是一 一对应的。备份 SHSH 会保存在苹果公司的服务器上，而 Cydia 保存的 SHSH 也是从苹果公司提取的。

SHSH 主要用来通过恢复固件时的官方验证，好比是一把唯一的钥匙，只有正确的钥匙才能打开重刷固件的锁。如果苹果公司关闭了对旧版本固件的验证，此时我们又想恢复较早的版本固件，那么 SHSH 就派上了用场。我们需要绕开官方服务器的验证，向非官方服务器（如 Cydia 服务器）发送申请，这个服务器就会同意恢复你备份得较早的版本。

现象 2　备份 SHSH 需具备的条件

从上面内容我们知道了备份 SHSH 的原因，那么备份 SHSH 需要什么条件，才能确保成功呢？

1. 最重要的——苹果官方服务器

不管运用什么方法去备份 SHSH，关键是取决于苹果官方服务器，如果关闭了之前的固件验证服务，那么就只能备份当前开放版本固件的 SHSH。能否备份 SHSH 与苹果公司服务器是否开通当前版本的认证有关。·

苹果每出一个新的固件版本，不久就会关闭之前版本的认证，所以建议大家，对于 SHSH，能备份时一定要及时备份。

2. 最基本的—备份 SHSH 的工具

“巧妇难为无米之炊”，因此备份工具是少不了的。

常用的备份工具：iTools（较为方便）、TinyUmbrella（需在 Java 环境下运行，但功能强大，运用较多）。

TinyUmbrella 下载地址：http://dl.pconline.com.cn/download/89927.html

Java 下载地址：http://www.java.com/zh_CN/

现象 3 如何备份 SHSH

备份 SHSH 的具体方法可以参照“iPhone 4S 的完美越狱”中备份 SHSH 的方法。

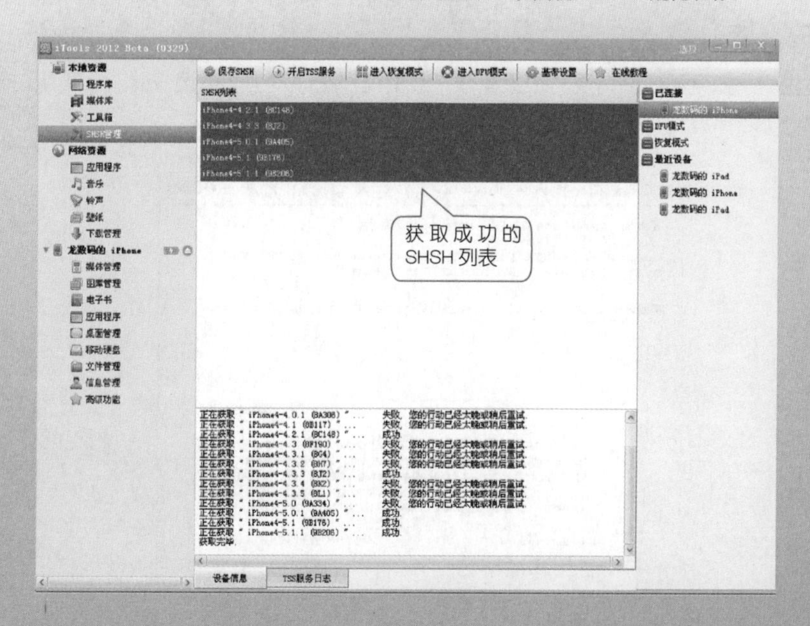

现象 4 无法备份 SHSH

我们在备份 SHSH 的过程中，总会碰到一些问题，从而导致无法顺利完成备份，究竟是什么原因呢？

1. 苹果服务器已关闭当前版本固件的验证。就如我们上面所说的，不管如何去备份 SHSH，关键取决于苹果服务器，若已关闭，可更新为最新固件，再进行备份。

如果你考虑到越狱问题，而当前开放版本恰恰没有完美越狱的工具，建议等到完美越狱工具发布，再对固件进行更新。

2. 备份工具问题。可能是备份工具版本问题，可选用最新版本的软件进行备份，如所用的 iTools、TinyUmbrella 等工具可到官方网址或论坛下载。

3. 防火墙问题。使用备份 SHSH 工具会修改 HOST 文件，防火墙会阻止修改，导致备份 SHSH 失败。因此，可暂时关闭防火墙。

秘技 28　越狱失败了，怎么办

在越狱的道路上，谁不曾为越狱成功而欣喜万分，谁又不曾为越狱失败而着急苦恼，这都是我们渐渐熟悉 iPhone 4S 的过程。越狱失败了并不可怕，找出原因，重新再来。

现象 1　越狱失败，iPhone 4S 一切正常

在越狱过程中，如果用户没有及时跟上操作，或者操作顺序发生了错误，此时，不用过于着急，用户只需再次熟悉一下越狱过程，重新进行越狱即可。

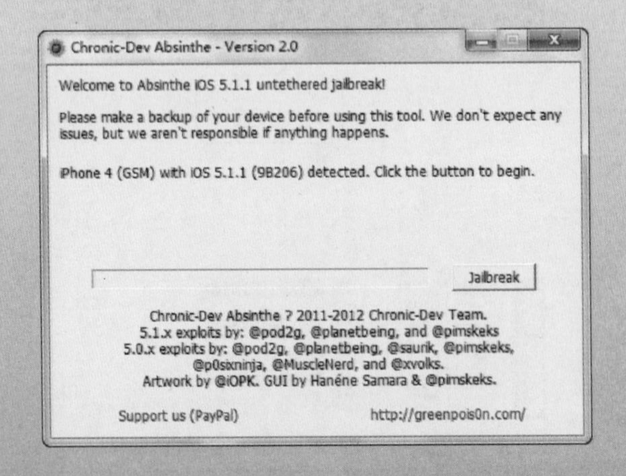

现象 2　Cydia 闪退现象

越狱的前半程路都极为顺利，但是当要为 iPhone 4S 打补丁时，出现 Cydia 闪退现象，导致不能添加源，以至不能完美越狱，此类现象主要存在 5.0.1 固件版本的越狱中。下面就给出解决的办法。

方法一：

在【设置】➤【通用】➤【多语言环境】➤【语言】中，将语言设置为【English】，其次进入 Cydia 中添加“http://apt.178.com",然后搜索“iOS5Cydia"找到" ios5Cydia 中文崩溃解决补丁“并将其安装，最后将语言改回中文即可解决 Cydia 闪退问题。

具体步骤，如下。

❶ 在【设置】➤【通用】➤【多语言环境】➤【语言】中，选择【English】并单击【完成】按钮，片刻后语言即会变为英文。

❷ 单击进入 Cydia，然后单击【Manage】（管理）选项。

❸ 依次单击【Source】（软件源）➤【Edit】(编辑)➤【Add】（添加）选项，在对话框中添加“http://apt.178.com”源地址，单击【Add Source】(添加源）按钮。

❹ 添加完毕后，单击【第一中文源】选项。

❺ 进入该页面后，单击【Search】按钮，并在文本框中输入“iOS5Cydia”文字，即可搜索到“ios5Cydia 中文崩溃解决补丁”。

❻ 单击该补丁，再单击【Install】按钮进行安装，完毕后，退出 Cydia，将其设置为中文即可。

方法二：

我们可以使用工具对 Cydia 闪退现象进行一键修复，这个方法更为简单，也较为实用。下面就用 PP 越狱助手对 Cydia 闪退问题进行修复。

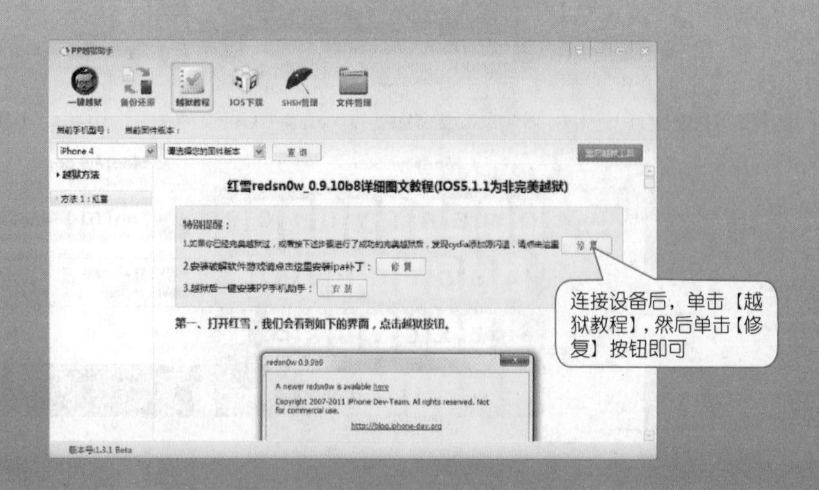

现象 3 iPhone 4S 无法开机或白苹果现象

如果在越狱过程中，遇到 iPhone 4S 无法开机或白苹果现象，这也是越狱失败最为糟糕的事情。当然，并不是不可解决的，动起手来，没有万难。

❶ 长按【Home+Power】键，iPhone 4S 画面全变黑后，松开所有键。

❷ 按住【Home+Power】键，出现白苹果的图案后，松开【Power】键，继续按住【Home】键。

❸ iPhone 4S 出现 USB 先连接 iTunes 的画面，松开【Home】键即可进入恢复模式。

❹ 使用数据线将 iPhone 4S 与电脑连接，在电脑中启动 iTunes，单击识别出的 iPhone 4S，然后单击【摘要】按钮，最后单击“版本”选项下的【恢复】按钮。

❺ 在弹出的提示框中单击【恢复并更新】按钮，即可将 iPhone 4S 恢复为出厂值。

秘技 29 越狱后安装的程序无法在设备上删除

越狱后安装的一些程序想删除掉，但是在设备上长按程序图标，其他程序左上侧都显示可卸载的状态，但是该程序却无法卸载。其实我们可以使用其他软件删除掉该程序即可。

这里使用 iTools 进行删除。

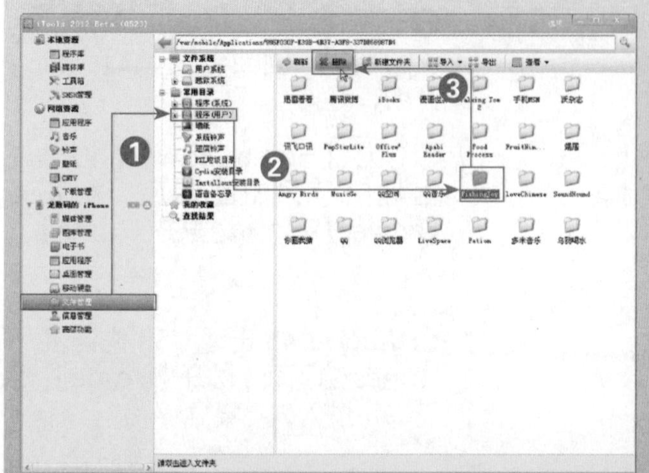

❶ 打开 iTools，连接 iPhone 4S 后，单击设备名称列表下的【文件管理】选项。

❷ 单击【程序（用户）】选项。

❸ 在右侧程序列表中单击要删除的程序文件，并单击【删除】按钮删除即可。

提示

建议应用程序都选用 .ipa 格式的，其他格式可能会给 iPhone 4S 带来各种故障。

秘技 30 管理 iPhone 4S 中的所有文件

由于 iPhone 4S 自身不带文件管理器，所以文件的管理是件麻烦事，而使用“iFile”或“iFiles”软件，可以轻松地管理 iPhone 4S 中的文件，甚至可以修改系统文件。这里以“iFiles”软件为例介绍管理文件的具体方法。

提示

资源管理器 iFile 是一款强大的文件管理器，它可以管理 iPhone 4S 中的任何文件，包括移动、粘贴、复制、建立文件夹链接、解压、压缩、上传下载、搜索、编辑文件、播放影音文件等。

❶ 运行 iFiles。

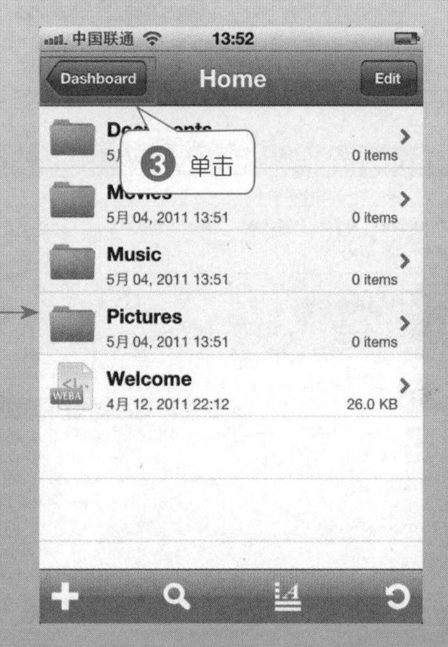

❷ 单击【Close】按钮。

❸ 单击【Dashboard】按钮，在进入的界面中可看到【Home】图标。

❹ 单击 Wi-Fi 图标。

❺ 在弹出的网络服务器对话框中，你需要记住该对话框中的 IP 地址。

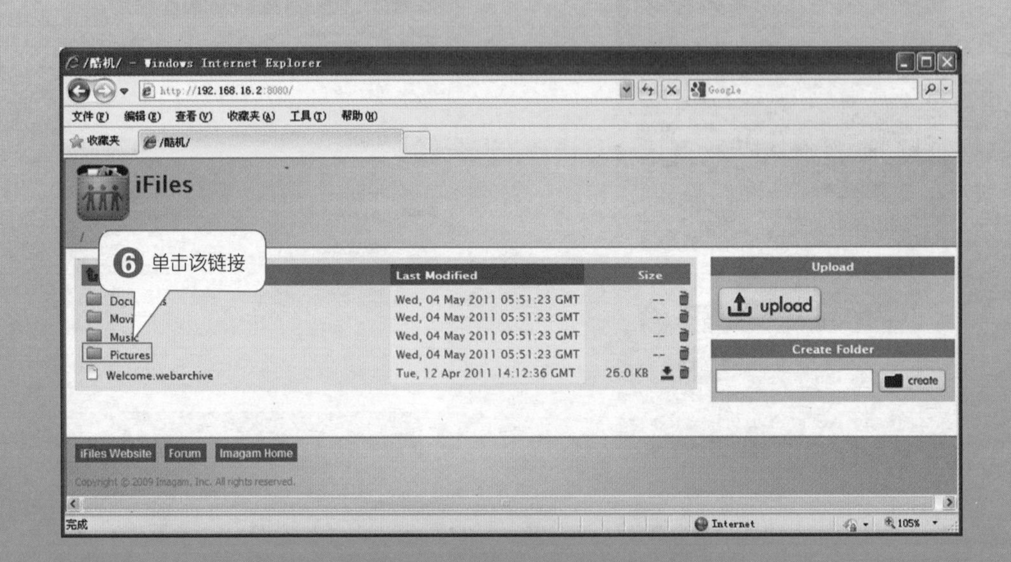

❻ 在电脑的浏览器地址栏中输入刚刚记录的 IP 地址，并按【Enter】键进入 iPhone 4S 文件管理界面，这里单击【Pictures】文件夹链接。

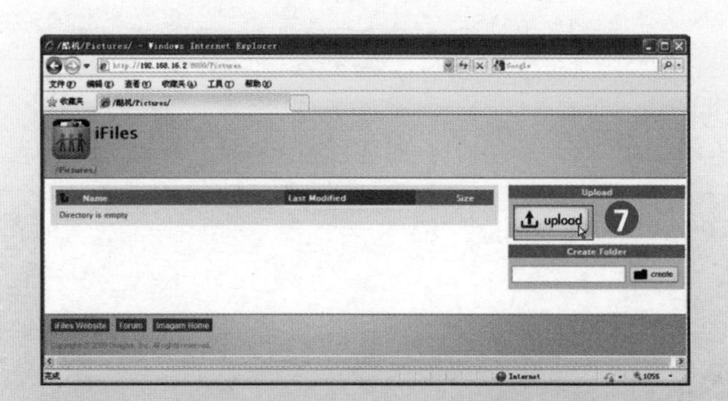

❼ 进入“Pictures”文件目录，单击【upload】按钮。

❽ 在弹出的对话框中选择要上传的图片，单击【打开】按钮即可上传。

此时，可以在电脑的浏览器中看到上传后的图片。

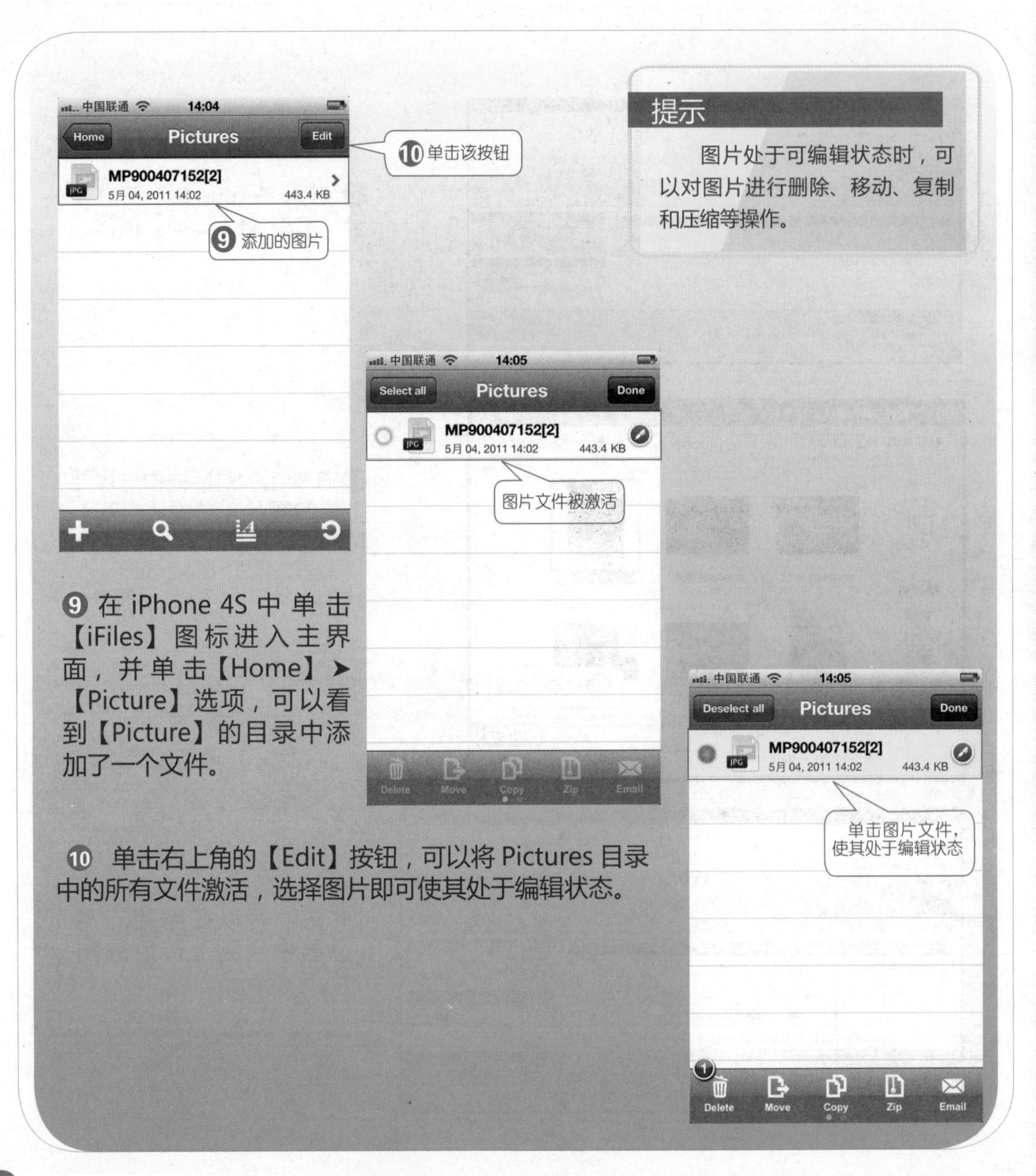

提示

图片处于可编辑状态时，可以对图片进行删除、移动、复制和压缩等操作。

⑨ 在 iPhone 4S 中单击【iFiles】图标进入主界面，并单击【Home】➤【Picture】选项，可以看到【Picture】的目录中添加了一个文件。

⑩ 单击右上角的【Edit】按钮，可以将 Pictures 目录中的所有文件激活，选择图片即可使其处于编辑状态。

秘技31 重装系统到未越狱状态

越狱之后，风险也会随之而来，例如，一些盗号软件趁虚而入，盗取用户的QQ账号、信用卡账号等。为了防止恶意软件被下载，因此，不建议用户进行越狱，如果用户越狱后后悔了，可以重新回到越狱前的状态。

提示

重回未越狱状态也就意味着重新对iPhone 4S的固件进行更新或者恢复出厂设置，iPhone 4S中的资料会全部丢失，因此在此操作之前，可以先对iPhone 4S中的资料备份一下。

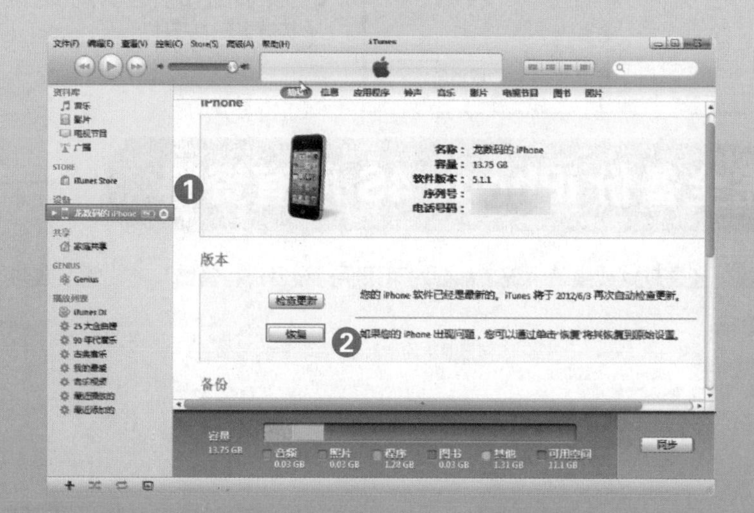

❶ 使用数据线将iPhone 4S与电脑连接。在电脑中运行iTunes软件，单击左侧导航栏【设备】下的iPhone 4S图标。

❷ 在【摘要】选项卡下，按住【Shift】键的同时，单击【恢复】按钮。

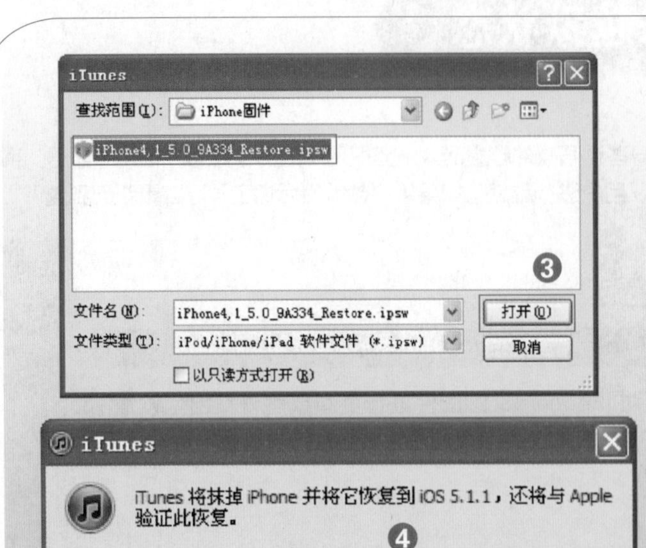

❸在打开的【iTunes】对话框中选择下载的版本固件，并单击【打开】按钮。

提示

恢复之后所有数据和设置都会被删除掉。

❹ 在弹出的提示对话框中单击【恢复】按钮。

秘技 32　完全备份 iPhone 4S 所有资料

不管是恢复出厂设置，还是越狱或重装系统，都要对苹果手持设备进行备份，才能保证数据不丢失。

01　备份音乐、视频

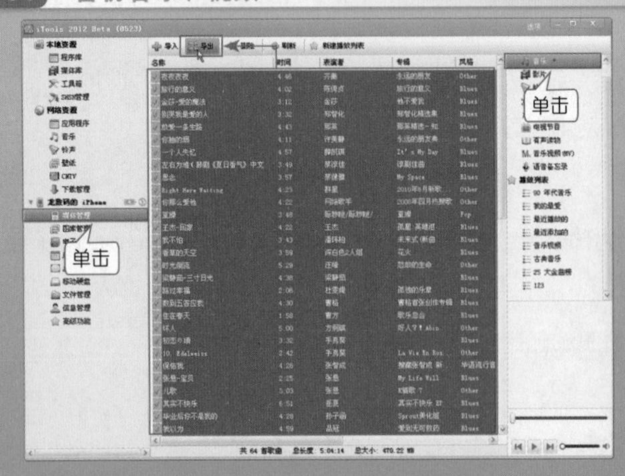

将 iPhone 4S 和电脑连接，打开 iTools，单击左侧列表【媒体管理】，按【Ctrl+A】全选所有的音乐文件，然后单击【导出】按钮，选择路径导出即可。

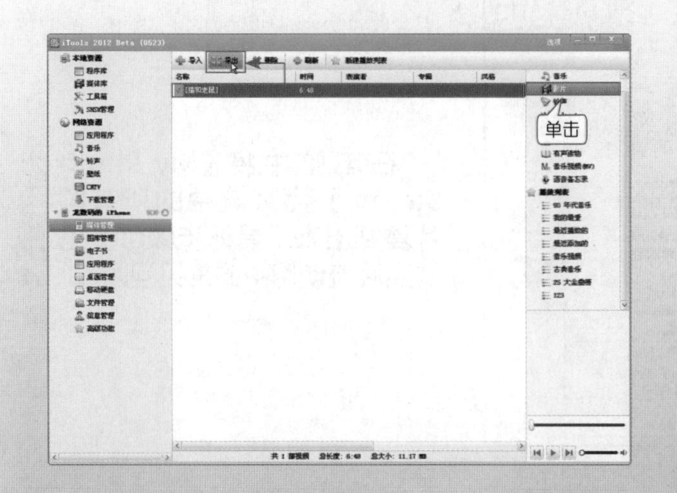

音乐导出完毕后，单击右侧列表中的【影片】选项，按【Ctrl+A】全选所有的视频文件，然后单击【导出】按钮，选择保存路径，导出即可。

02 备份相册照片和照片流照片

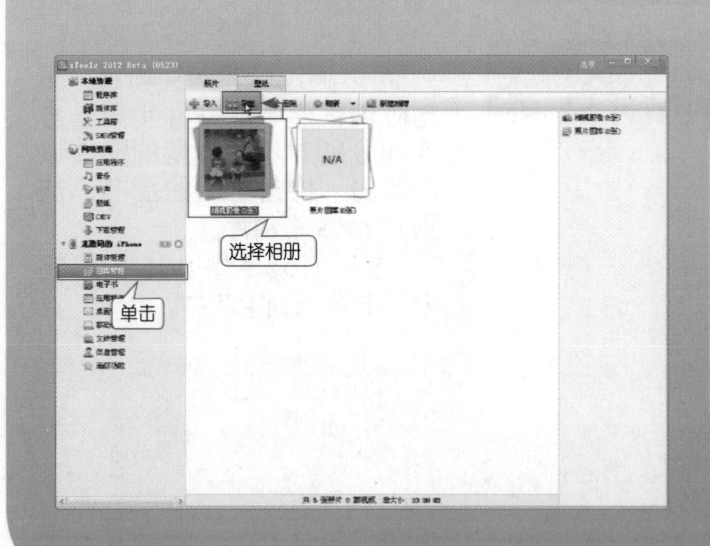

单击 iTools 左侧列表中的【图库管理】选项，选择【相机胶卷】相册，然后单击【导出】按钮，选择保存路径，导出即可。

在电脑中将【My Photo Stream】照片流中的所有照片复制出来，具体步骤可参见“照片流使用中的常见问题”。

03 备份图书

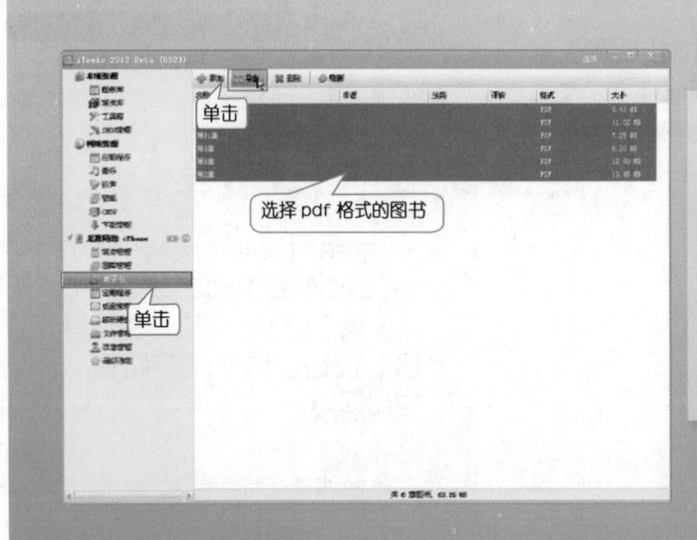

可以通过传输购买项目、复制应用程序中的文件和第三方软件分别对不同类型的图书进行备份，将备份后的图书添加到 iTunes 资料库。

使用 iTools 将 pdf 格式的电子书导出到电脑中。

04 重新同步不想丢失的资料

在 iTunes 中重新选择同步各种类型的资料，如购买的应用程序、信息、图书、电视节目等。

提示

此处操作的作用是在备份前最后一次对同步进行设置，从而保证在重装系统并且选择“从以下的备份恢复”后，即可将这些备份时被选中的资料类型再自动同步到设备中。

想自动同步哪类资料，就需要将该类型的资料处于被选中同步的状态（如应用程序，需要复选【同步应用程序】项），然后再单击【应用】或【同步】按钮即可。

05 备份

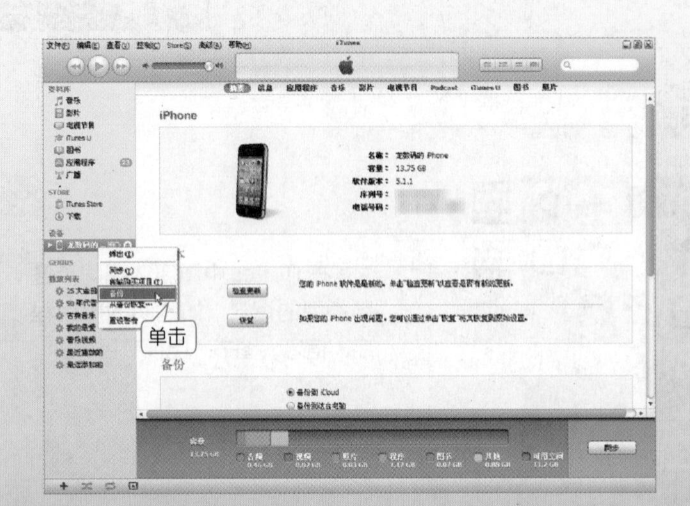

在 iTunes 中右击识别出的 iPhone 4S 名称，在弹出的快捷菜单中选择【备份】选项，即可备份。

提示

此时的备份非常重要，要记得备份的时间，选择要恢复的备份时一定要选择此时的备份，因为这决定了恢复后是否自动同步资料。

秘技 33 将喜欢的音乐设置为铃声

iPhone 4S 自带的铃声虽然经典，但听久了难免单调乏味，将铃声更改为自己喜欢的音乐或新歌吧。

01 用 iTunes 制作铃声

❶ 启动 iTunes，在左侧列表【资料库】中单击【音乐】选项，在右侧的音乐库中找到喜欢的音乐，右击后在弹出的快捷菜单中选择【显示简介】菜单命令。

❷ 弹出【iTunes】对话框，选择【选项】选项卡，设置起始时间和停止时间，用以截取音乐中的某一段作为铃声，完成后单击【确定】按钮。

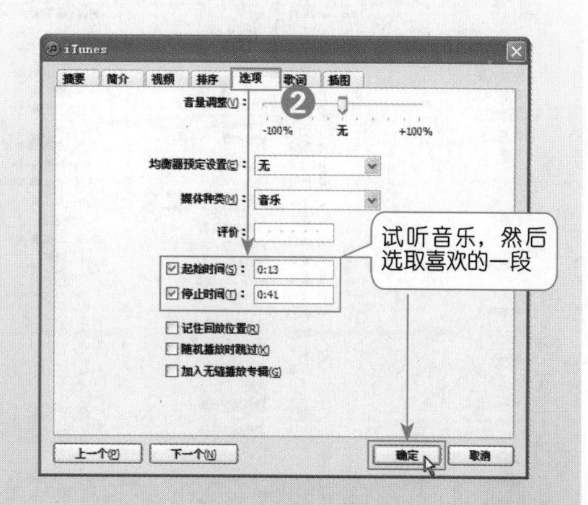

提示

iPhone 4S 的电话铃声不能超过 40 秒，短信铃声不能超过 30 秒。

❸ 选中设置好的音乐，然后选择【高级】➤【创建 AAC 版本】菜单命令。

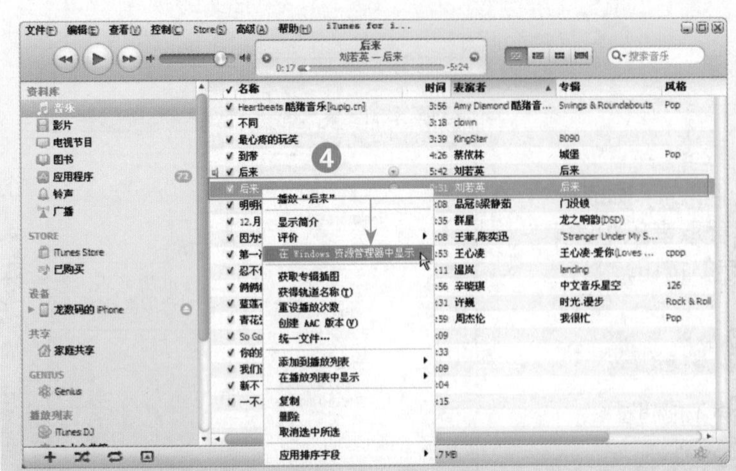

❹ 右击生成的同名 AAC 版本，在弹出的快捷菜单中选择【在 Windows 资源管理器中显示】菜单命令。

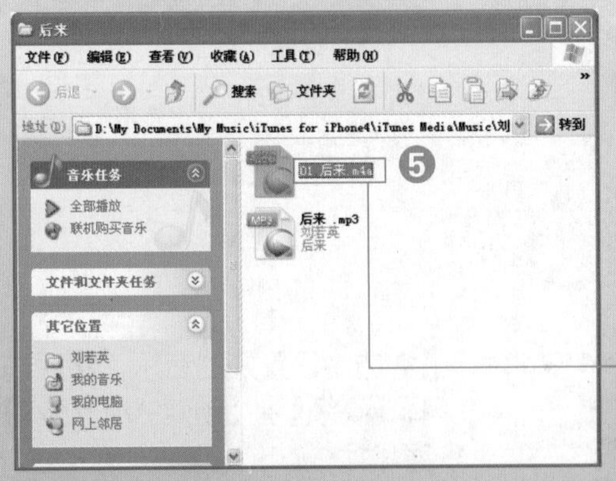

❺ 在资源管理器中显示生成的 AAC 版本，这里需要将后缀“.m4a”更改为“.m4r”。

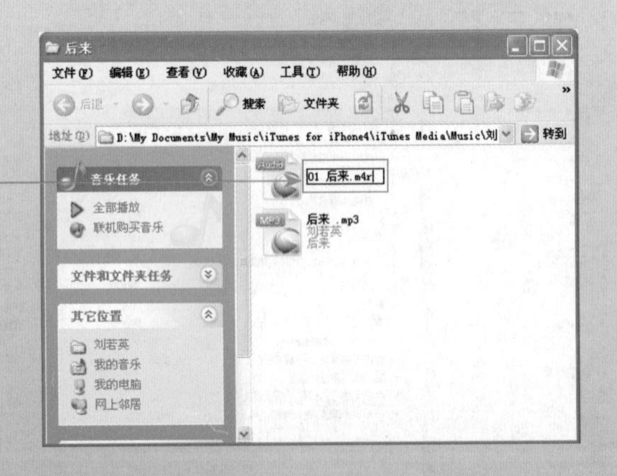

重命名

如果改变文件扩展名，可能会导致文件不可用。

确实要更改吗?

是(Y)　否(N)

❻ 此时弹出【重命名】提示框，直接单击【是】按钮即可。

⑦ 由于更改后缀，【音乐】库中的 AAC 版本已经不可用，右击该 AAC 版本，在弹出的快捷菜单中选择【删除】命令。

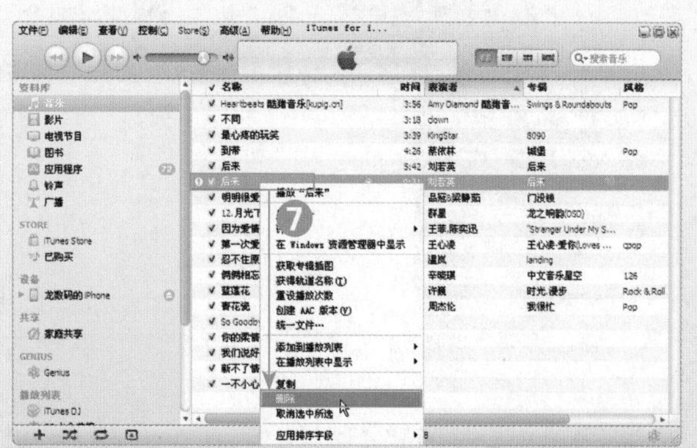

⑧ 在弹出的提示框中单击【删除歌曲】按钮，即可将所选中的原 AAC 版本从【音乐】库中删除。

⑨ 在资源管理库中单击更改后缀后的 .m4r 文件，并将其拖曳至 iTunes 界面左侧的【资料库】列表下。

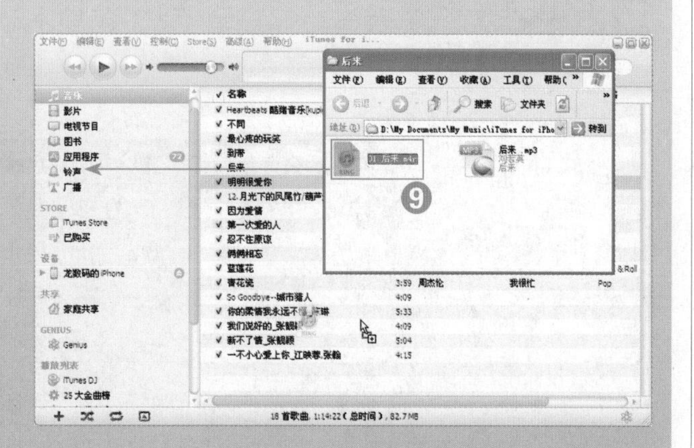

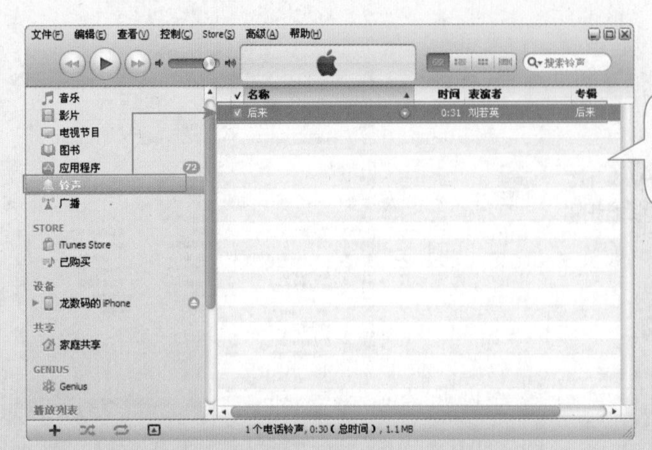

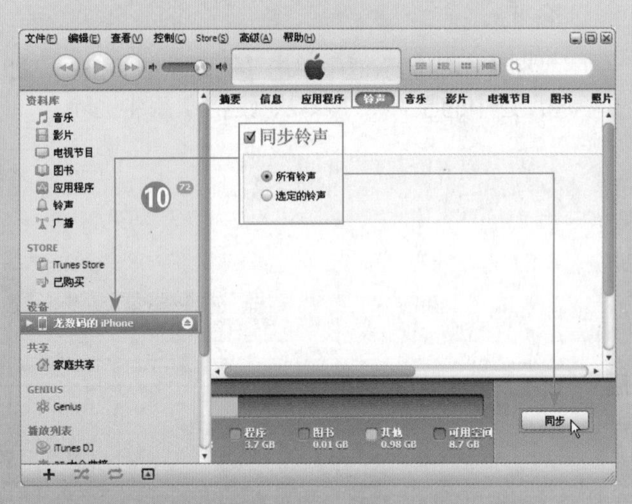

⑩ 连接 iPhone 4S 和电脑，在 iTunes 界面左侧选择设备名称，在右侧的【铃声】选项卡下选中【同步铃声】复选项，然后在其下方选中【所有铃声】单选项，完成后在底部单击【同步】按钮，即可开始将所选铃声同步至 iPhone 4S。

02 在 iPhone 4S 中更改铃声

❶ 同步结束后断开 iPhone 4S 和电脑的连接，在 iPhone 4S 的主屏幕上单击【设置】图标。

❷ 在【设置】界面中单击【声音】选项。

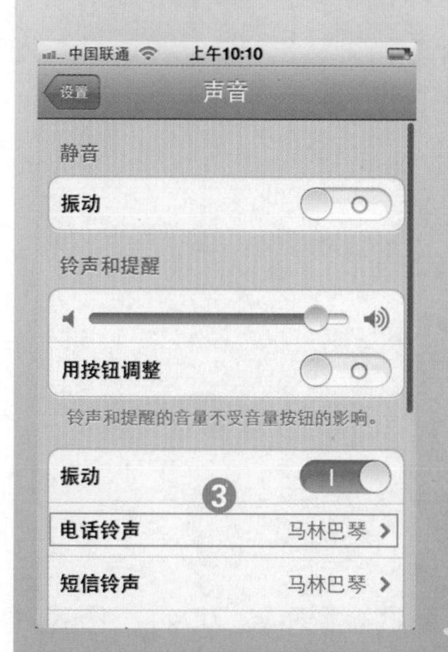

❸ 在【声音】界面可设置【静音】、【铃声和提醒】以及铃声类型，如要重设电话铃声，需单击【电话铃声】选项。

❹ 在【电话铃声】列表中即可看到新制作的铃声，单击选中该铃声，然后单击左上角的【声音】按钮。

⑤ 此时即可返回到【声音】界面，看到【电话铃声】已经被更改，单击【短信铃声】可以重新设置短信铃声，具体操作和设置电话铃声类似，这里不再赘述。

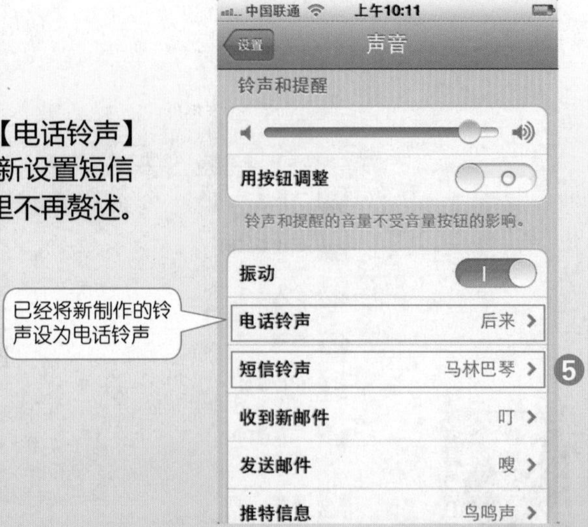

中国联通 上午10:11
设置 声音
铃声和提醒
用按钮调整
铃声和提醒的音量不受音量按钮的影响。
振动
电话铃声 后来
短信铃声 马林巴琴 ⑤
收到新邮件 叮
发送邮件 嗖
推特信息 鸟鸣声

已经将新制作的铃声设为电话铃声

第 5 篇

iTunes 问题

iTunes 是一款强大的数字媒体播放应用程序，是 iPhone 4S 亲密的伙伴。几多欢喜几多愁，而它却也让大多数“果粉”所头疼，看完下面的内容，让你轻松排除 iTunes 问题。

解决 iTunes 问题，轻松实现同步

秘技 34 Apple ID 问题

有了 Apple ID，我们可以在 Store 中购买应用程序，可以使用 iCloud 功能，还可以使用家庭分享等，它是你体验苹果服务、获取资源的通行证。如果 ID 出现问题，那么很多功能就无法进行。下面就列举一些 Apple ID 常见的问题，以便你在使用中很好地解决这些难题。

现象 1 在哪里会用到 Apple ID

在使用 iPhone 4S 中，Apple ID 可以给我们带来哪些服务呢，相信它也是不少“果粉”心中的疑团，下面就给你娓娓道来。

(1) iTunes(包含App Store和iBook Store)。可以使用ID购买应用程序、音乐、图书、电视节目等数字产品，并使用 Apple ID 授权电脑，同步到设备中。

(2) iTunes 家庭共享。开启 iTunes 家庭共享功能，多台电脑在同一局域网内实现资料媒体库的共享。

(3) iCloud 功能。iCloud 储存与备份，查找我的 iPhone 4S，照片流，文稿与数据等都需要 Apple ID。

(4) FaceTime。可通过 Apple ID 免费视频通话。

(5) iMessage（信息）。苹果设备上的即时通信程序，用户通过 ID 在 WLAN 或 3G 网络环境下即可通信。

(6) Game Center。用 Apple ID 登录后，可以使用 Game Center 与世界各地的朋友在线玩游戏。

(7) 其他。如 Apple 在线商店和在线支持 iWork、Mac App Store、iChat 等。

现象 2 忘记了 Apple ID 的密码

突然有一天发现自己已忘记了 Apple ID 密码是什么，这个如何是好呢？别着急，重设一下密码即可解决。

❶ 在电脑中打开网页浏览器，在地址栏中输入网址“https://appleid.apple.com/”打开网页。

❷ 在“我的 Apple ID 网页”中，单【重新设置密码】选项。

❸ 在文本框中输入 Apple ID 账号，然后单击【下一步】按钮。

❹ 单击【下一步】按钮，此时即会将重置密码信息发送到填写的邮箱内。

❺ 登录邮箱打开该邮件，单击邮件中的【重设你的 Apple ID 密码】选项，然后在弹出的重设密码网页中输入新密码，并单击【重新设置密码】按钮即可。

提示

在设置密码时，尽量设置自己容易记住且复杂的密码，这样更加安全。

Apple ID 账号一般是你的邮箱地址，如果忘记，可尝试输入自己最常用的邮箱即可。

现象 3 多人共用一个 Apple ID 问题

许多人认为，一家人共用一个 Apple ID 这样可以很方便，购买一个应用程序所有相关设备都可使用，方便又省钱。而随着 iOS 的不断升级，Apple ID 关联且绑定的服务也越来越多，更不乏涉及私人信息的功能。那么如何避免这些问题的出现呢？

我们上面说到了 Apple ID 会在哪些服务中用到。简单的说，一个 iPhone 4S 设备会在 6 种服务中用到，包括 iTunes（包括 iTunes Store 和 iBookstore)、iTunes 家庭共享、iCloud、FaceTime、iMessage（信息）、Game Center。下面就来说说如何恰当地应用，以避免出现那些问题。

服务类别	ID 的使用	优点	缺点
App Store	使用一个账号	无须在 iTunes/App Store 中多次购买同一个数字产品	下载程序和图书时，必须将自动下载关闭，否则就会自动下载一些自己不需要的程序和图书
家庭共享	使用一个账号	使用该功能，方便多台电脑共享一个媒体资料库，用起来比较方便，多个账号使用起来较为麻烦	无
iCloud	一人一个 Apple ID	可有效避免私人日历事件、邮件、联系人、提醒事项等发生混乱	无法使用照片流和其他 Apple ID 分享照片
FaceTime	一人一个 Apple ID	设置为不同的 Apple ID，方便了一家人或朋友之间的视频通话，否则无法实现	无
iMessage	一人一个 Apple ID	方便了家人和朋友间的通信，一人一个 Apple ID 更加方便	无
Game center	建议一人一个 Apple ID，也可使用一个	每人一个 Apple ID，可以玩同一个游戏时，在分数上比赛个高低，当然也可以使用一个，意义不大	无

秘技 35 iTunes 无法正常运行

iTunes 不能正常运行了，相信大多数人都遇见过，每个人处理的方法却大相径庭。动不动就重启电脑，卸载了重装，一旦解决不了，就没辙了，那就重装电脑系统吧。虽然方法笨拙却可以解决部分问题，但不是最佳的解决方式。下面就逐个解决那些 iTunes 无法正常运行的问题。

现象 1 iPhone 4S 在 Windows 7 系统下不能被识别

在 Windows 7 系统下安装了 iTunes，连上 iPhone 4S，电脑可以识别，但 iTunes 无反应。

解决办法如下。

(1) 打开【控制面板】➤【程序】➤【打开或关闭 Windows 功能】，在打开的对话框中分别复选【Microsoft.NET Framework 3.5.1】项及该选项下所属的两个复选项，然后再向下滑动滚动条，在下方复选【基于 UNIX 的应用程序子系统】项，完成后单击【确定】按钮。

(2) 重新安装 iTunes，再次连接 iPhone 4S，查看是否能连接成功。

(3) 完全卸载 iTunes。

(4) 重装 Windows 7（这是必须的，因为不管怎样卸载，有些东西还是删除不干净）。

提示

完全卸载 iTunes，除了卸载 iTunes 主程序，还需要卸载其他相关组件，可在控制面板中进行卸载。具体步骤是：iTunes ➤ Apple Software Update ➤ Apple Mobile Device Support ➤ Bonjour ➤ Apple Application Support，卸载完毕重启电脑即可，卸载顺序不同，或仅卸载部分组件，可能会看到各种警告信息。

现象 2 无法打开 iTunes

我们在打开 iTunes 时可能无法打开，下面就不同情况，给出不同的解决方法。

1. 打开 iTunes 无反应

在电脑中，打开 iTunes，却半天没有任何反应，那么就可以采用以下方法进行解决。

❶ 按【Ctrl+Alt+Del】组合键调出 Windows 任务管理器。

❷ 单击【进程】选项卡，在“映像名称”列表下，找到并选中【iTunes.exe】，然后单击【结束进程】按钮。

❸ 建议结束闲置或占较大内存的应用程序进程，给电脑留下足够大的内存空间，打开 iTunes 即可。

2. 提示缺失组件

我们在打开 iTunes 时，弹出提示对话框："iTunes cannot run because some of its required files are missing"，这是因为系统组件缺失，或是误删了附带的组件。

快速的解决方法就是再次运行 iTunes 的安装文件，然后在弹出的对话框中单击【修复】按钮进行修复安装。

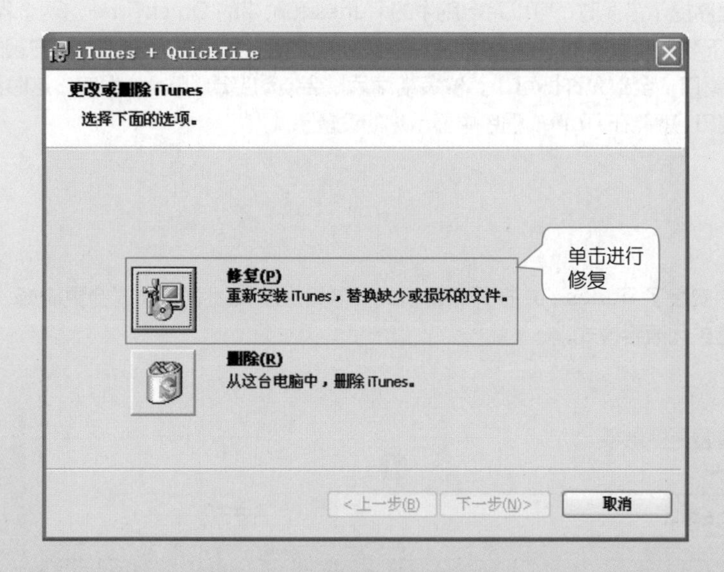

现象 3 iTunes 无法运行，重新下载安装也不行

原因：运行 iTunes 时，出现如下图所示的对话框，删除 iTunes，并重新下载、安装，也无法打开。

提示框中具体内容如下：

Apple Application Support was not found.

Apple Application Support is required to run iTunes.Please uninstall iTunes,then install iTunes again

Error 2

解决办法：

若运行 iTunes 程序提示错误时，可以将电脑中的 iTunes 和附带的 QuickTime 这两个程序删除干净，然后到苹果官方网站下载最新版本的 iTunes 程序。下载完成之后，即可进行安装（在安装的过程中，如果杀毒软件弹出提示窗口，全部允许即可）。安装结束后，会自动启动 iTunes 程序，这时再次连接你的 iPhone 4S 到 USB 端口，就能在 iTunes 程序中显示你的设备了。

现象 4　在 Windows 7 系统中运行 iTunes 提示“关闭兼容模式”

在 Windows 7 中安装了 iTunes，并打开兼容模式，电脑提示关闭兼容模式会更流畅。关闭兼容模式之后，系统依然提醒关闭兼容模式。

解决办法

❶ 单击【开始】按钮，在【运行】对话框中输入“regedit”，然后按【Enter】键确认，打开注册表编辑器。

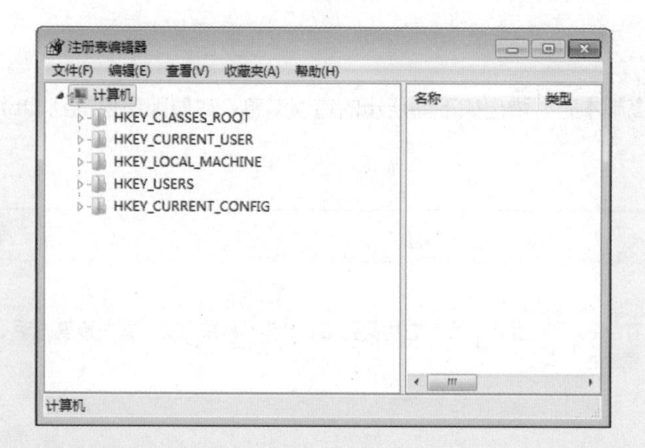

❷ 在打开的【注册表编辑器】窗口中找到：HKEY_CURRENT_USER\Software\Microsoft\Windows NT\CurrentVersion\AppCompatFlags\Layers，如果在右边发现带有 iTunes 的项，将其删除即可。

现象 5 运行 iTunes 提示“应用程序错误”

在运行 iTunes 时，弹出如下图所示的提示框，提示“应用程序发生异常 未知的软件异常（0xc0000409），位置为 0x01b03335”。

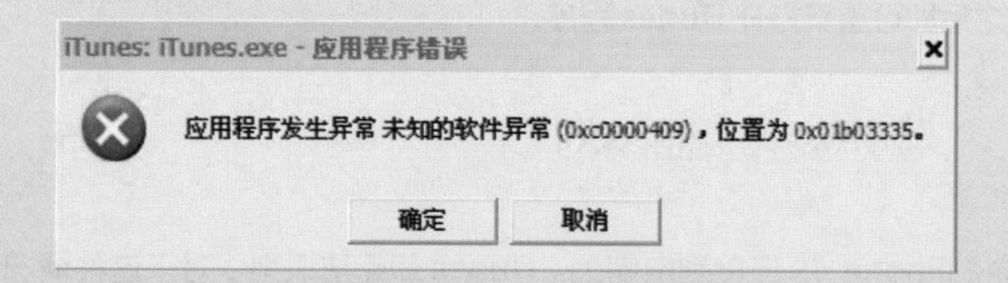

解决办法：

(1) 使用 360 软件管家将 iTunes 安装程序卸载干净（包括注册表）。

(2) 重新安装最新版本的 iTunes 程序。

现象 6　iTunes 无法运行，其检测到 QuickTime 出现问题

打开 iTunes 7.7 或更高版本时，弹出如下图所示的错误消息，其原因是检测到 QuickTime 出现问题。

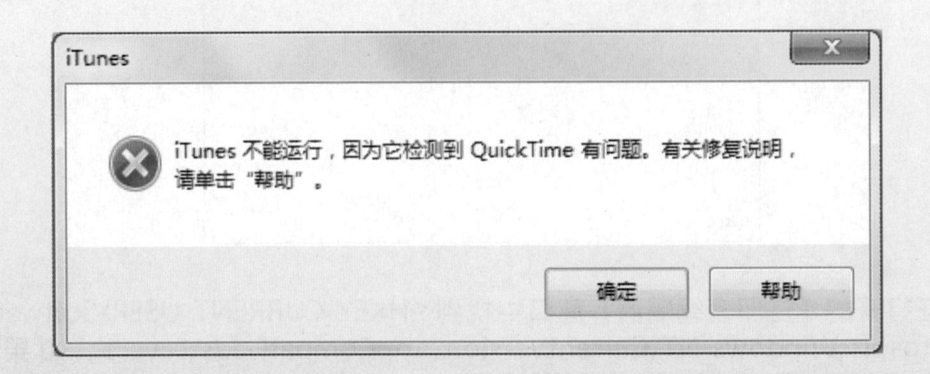

解决办法：

可能需要重新安装 QuickTime 程序。

(1) 选择【开始】➤【控制面板】选项，通过【控制面板】窗口并按照提示将【QuickTime】应用程序从电脑上删除干净。

(2) 下载 QuickTime 应用程序（选择不包含 iTunes 的选项），并按照说明进行安装。

(3) 安装完成之后即可重新打开 iTunes 程序。

现象 7　iPhone 4S 无法连接 iTunes

使用数据线将 iPhone 4S 连接到电脑上，iTunes 却无法识别，对于这种情况，我们可以采用以下方法进行解决。

1. 检查原因

(1) 查看 iTunes 版本。查看 iTunes 版本是否过低，并及时更新为当前最新版本。

(2) 检查 USB 接口是否正常。可将 iPhone 4S 连接到电脑上的另一个 USB 端口，尽量使用机箱后的 USB 端口，机箱前端的端口可能会有供电不足的情况，导致无法正常连接。

(3) 检查安全软件的设置。一些安全杀毒软件可能禁止了 iTunes 进行网络连接，导致了 iPhone 4S 不能连接到 iTunes。

若因以上原因导致 iTunes 无法识别 iPhone 4S，可依照以上方法进行解决，如不能解决，可尝试使用以下方法。

按【Ctrl+Alt+Del】组合键调出 Windows 任务管理器，结束 iTunes 进程及相关进程，并断开 iPhone 4S 与电脑的连接。然后再打开 iTunes，并将 iPhone 4S 与电脑连接，看是否可解决。

2.iTunes 问题

(1) 完全卸载 iTunes。

(2) 删除系统盘符（默认为 C 盘）下的 Documents and Settings\Administrator\Application Data\Apple Computer 这个文件夹。

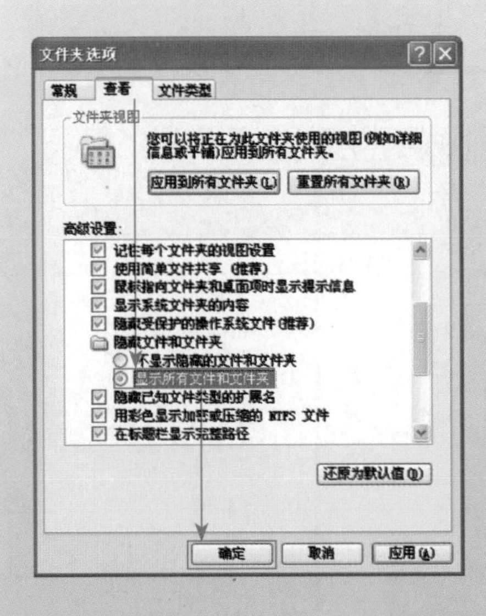

提示

地址中的 "Administrator" 是用户的 Windows 系统用户名。

如果在系统盘找不到以上文件夹，可单击【工具】➤【文件夹选项】，然后单击【查看】选项卡，复选【显示所有文件和文件夹】，并单击【确定】按钮即可。

(3) 删除 D:\ 我的文档 \My Music\iTunes 文件夹，若没有 iTunes 文件夹，可在 C：\Documents and Settings\Administrator\My Documents\My Music 中找到 iTunes 文件夹将其删除。

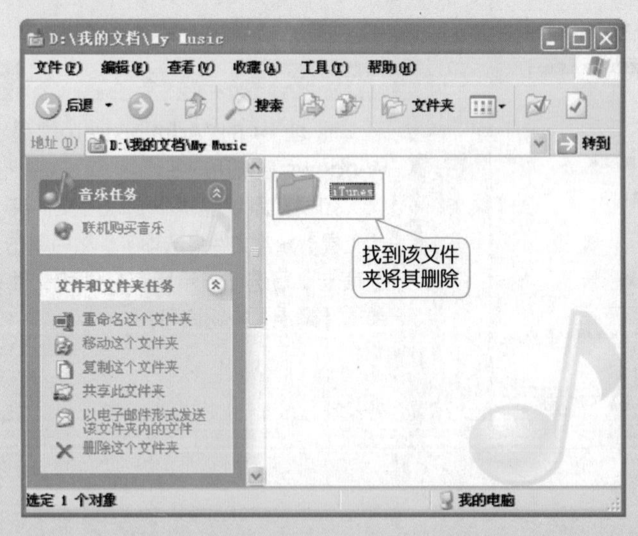

(4) 删除之后，重新安装 iTunes 程序。

(5) 打开 iTunes，并使用数据线将 iPhone 4S 连接到电脑上，iTunes 可识别 iPhone 4S，即可解决问题。

一般情况下问题均可解决，若依然无法连接 iTunes，可换台电脑尝试或重新安装电脑系统，以求解决问题。至此，若无法解决，可到 Apple 售后维修中心寻求解决。

现象 8 iTunes 无法同步应用程序

在 iPhone 4S 上使用的 Apple ID 账号必须已经授权了同步时使用的电脑，否则无法同步应用程序，因此要对同步时使用的电脑授权。

如果电脑无法授权，请移步“秘技 37 iTunes 账号不能对电脑授权”。

秘技 36 访问 iTunes Store 错误

iTunes Store 就像一个大超市，在这里可以自由选择需要购买的应用程序、音乐、视频等数字产品，但一旦无法连接到 iTunes Store，那后果可想而知，你的 iPhone 4S 只有“裸奔”了，亦或者在 iPhone 4S 中焦急地等待那慢如龟速的下载。眼里终是容不得沙子的，出现问题了就要解决它。

现象 1 打开错误，提示“One Moment Please”

iTunes Store 偶尔也会因为操作或者其他原因造成打开错误，具体表现为，单击 iTunes 左边的“iTunes Store”时，会提示“One Moment Please”，如下图所示。

问题原因：

出现这种情况是因为 iTunes 的参数配置文档中 storefront 字段的参数错误。

问题解决：

删除 iTunes 配置文件，并重新设定 iTunes 即可解决这个问题。首先退出 iTunes 程序，然后按照以下步骤删除 iTunes 配置文件。

提示：一定要先退出 iTunes，再执行以下操作。

❶ 单击【开始】菜单 ➤【运行】（Windows 7 为【开始】➤【所有程序】➤【附件】➤【运行】），在【运行】对话框中输入"%userprofile%\Application Data\Apple Computer\iTunes"，然后单击【确定】按钮。

❷单击【确定】按钮，即可打开【资源管理器】对话框，定位到 iTunes 配置文件所在的目录，删除“iTunesPrefs.xml”文件。

❸进入 %userprofile%\Application Data\Apple Computer\iTunes 目录，删除“iTunesPrefs.xml”文件，两个“iTunesPrefs.xml”文件都删除后，重新打开 iTunes，按照提示重新设置 iTunes 即可。

现象 2 无法访问 iTunes Store

有很多原因可能造成无法访问 iTunes Store 的现象，下面就看看如何排除这些故障。

1. 突然无法访问到 iTunes Store

建议调出任务管理器结束 iTunes 进程和相关程序进程，重新开启 iTunes，如果问题存在，可能是由于 iTunes Store 正在维护，可以稍后再试。若不是此类原因，可采用以下方法解决。

2. 在电脑中排除故障

(1) 确保该电脑可以正常连接互联网，可通过打开 Internet Explorer 进行测试；

(2) 确保电脑满足 iTunes 的最低系统要求，如今大部分电脑基本满足，但不排除个别的。

(3) 确保电脑操作系统是最新的。可前往 Microsoft 的 Windows Update 网页进行查看。

3. 长时间无法访问 iTunes Store

如果无法访问 iTunes Store 已经超过一天，并且在 iTunes 讨论区上没有其他用户反映过类似情况，可能是由于软件或互联网服务提供商 ISP 配置问题导致无法访问 iTunes Store。

此时，我们需要对 Windows 的防火墙进行设置，允许电脑访问 iTunes Store。具体步骤如下：

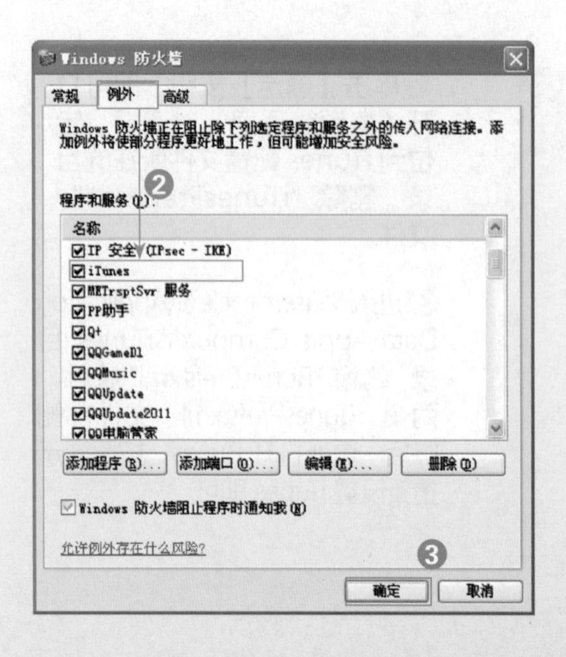

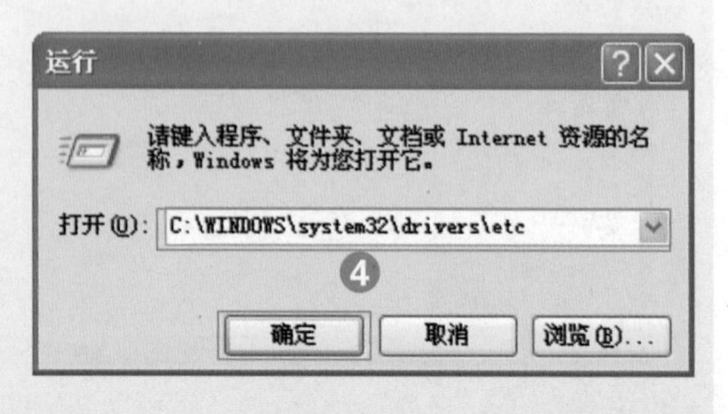

❶ 单击【开始】菜单➤【控制面板】。在控制面板中，双击【Windows 防火墙】图标。

❷ 打开【Windows 防火墙】对话框，单击【例外】选项卡，在“程序和服务”列表下复选“iTunes”选项。

❸ 单击【确定】按钮即可。

❹ 打开【运行】对话框，在文本框中输入“C:\WINDOWS\system32\drivers\etc”，然后单击【确定】按钮。

⑤ 将 ect 文件夹下的“hosts" 文件复制到其他文件夹下保存，然后单击右键，选择“用记事本打开”。

⑥ 删除记事本中的所有内容并保存文件，最后重启电脑，再次打开 iTunes Store 看是否能解决。

4. 重建网络信息

此时，可通过重建网络信息 DNS 解决无法连接 iTunes Store 的问题。

Windows XP 系统

① 打开【运行】对话框，在文本框中输入“cmd”，然后单击【确定】按钮。

② 在窗口中输入”ipconfig/flushdns" 并按下【Enter】键。

③ 此时即可看到窗口显示“Successfully flushed the DNS Resolver Cache（已成功刷新 DNS 解决程序缓存）"。

Windows Vista 和 Windows 7 系统

❶ 在【开始】菜单上选择【所有程序】➤【附件】，在命令提示上，单击鼠标右键，在快捷菜单中选择“以管理员身份运行”。

❷ 在窗口中输入”ipconfig/flushdns"并按下【Enter】键即可。

如果仍然无法连接 iTunes Store，可能由于安全杀毒软件禁止 iTunes 连接网络，重设杀毒软件即可。

秘技 37 iTunes 账号不能对电脑授权

在一台电脑上输入 iTunes 账号后，却不能对该电脑授权。

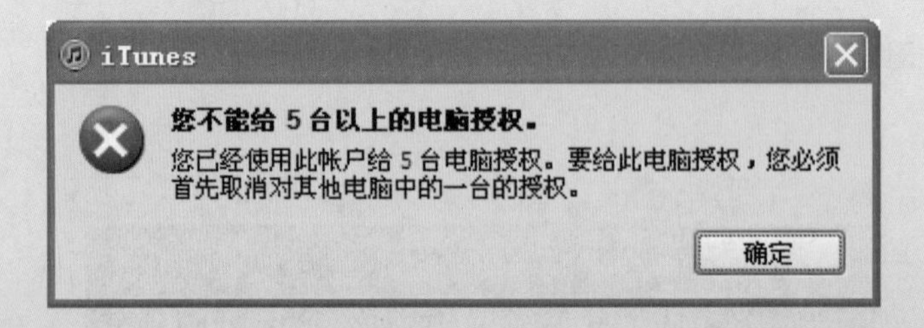

问题原因：

出现这种情况是因为一个 iTunes 账号只能对 5 台电脑授权，当使用该账号对第 6 台电脑授权的时候，便会弹出【iTunes】对话框。

方法一

找到其他已授权的电脑，打开 iTunes，选择【Store】➤【取消对这台电脑的授权】菜单命令，在弹出的对话框中输入要取消授权的账号及密码，单击【取消授权】按钮。取消授权后即可为该账号腾出一个授权名额，接下来就能在自己的电脑中授权了。

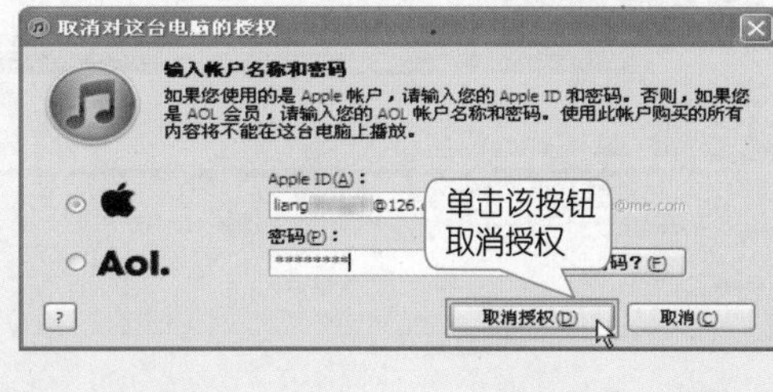

方法二

当无法操作原来授权的电脑时，就只能使用【全部解除授权】功能，全部解除授权后即可重新获得 5 个新的授权名额，但是每个账号在一年内只能使用一次【全部解除授权】功能，所以不到万不得已不要使用。

❶ 选择【Store】➤【显示我的账户】菜单命令，弹出【iTunes】对话框，输入 Apple ID 和密码。

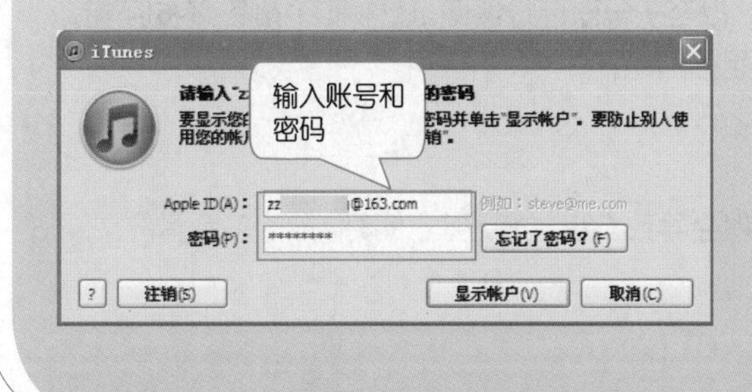

❷ 单击【显示账户】按钮，进入【账户信息】界面，单击【全部解除授权】按钮，取消该账号对所有电脑的授权。

提示

全部解除授权后，即可使用该账号对该电脑进行授权，需要注意的是一年只能全部解除授权一次。

秘技 38 解决 iTunes 导致 C 盘空间不足

自从使用了 iTunes 之后，C 盘储存空间变得越来越小，以至于电脑运行缓慢，让你抓耳挠腮，不知所措。没关系，下面让你三步解决 iTunes 导致 C 盘储存空间不足的问题。

1. 删除多余备份

iTunes 备份的默认位置是 C 盘，备份文件越多，那么就会导致 C 盘越来越小。此时，删除多余备份文件，是一种最简单的方法。

❶ 在电脑中打开 iTunes。

❷ 在 iTunes 中选择【编辑】➤【偏好设置】命令，在打开的【"设备"偏好设置】对话框中，单击【设备】选项卡。

❸ 选择不需要的备份文件，单击【删除备份】按钮即可删除备份。

2. 从系统盘"搬走"资料库

随着 iTunes 资料库的逐渐增"胖"，毫不给 C 盘留下半点余地，C 盘是动不得的，那就把资料库搬家吧。

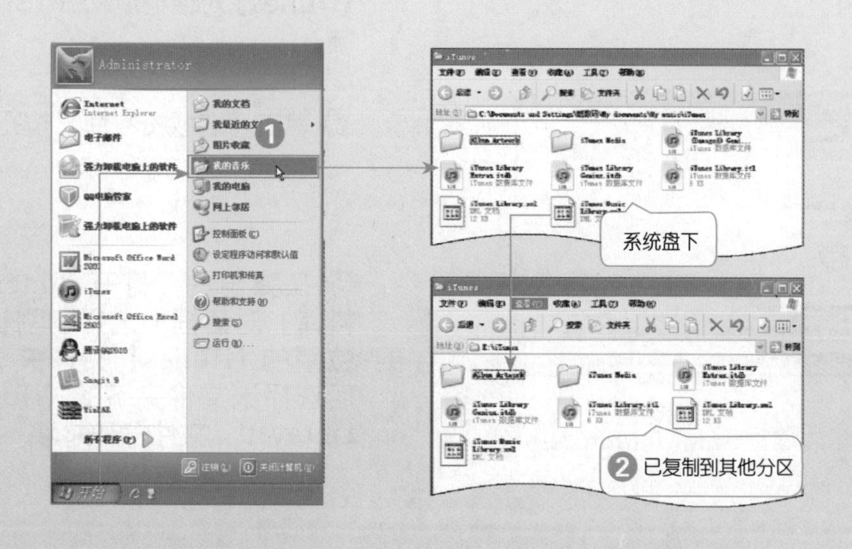

❶ 选择【开始】➤【我的音乐】命令，在打开的窗口中双击【iTunes】图标，打开【iTunes】文件夹，即可看到 iTunes 资料库内容。

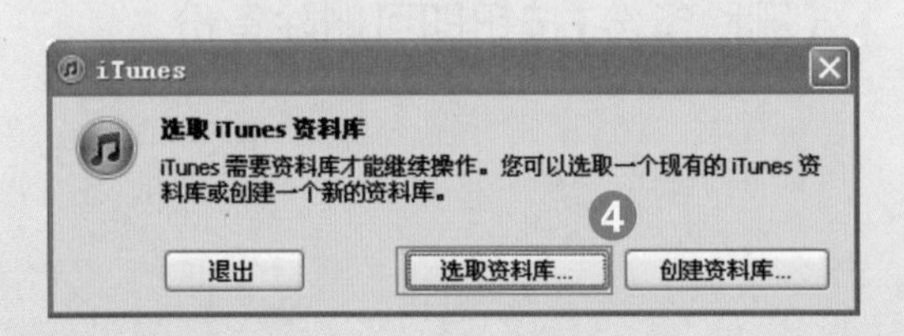

❷ 将【iTunes】文件夹复制到其他分区的某个位置中。

❸ 在桌面上按住【Shift】键并双击 iTunes 图标，直至弹出【iTunes】对话框后松开【Shift】键。

❹ 单击【选取资料库】按钮。

❺ 在弹出的【打开 iTunes 资料库】对话框中选择刚刚转移位置的【iTunes】文件夹，然后选择该文件夹下的“iTunes Libray.itl”文件打开即可。

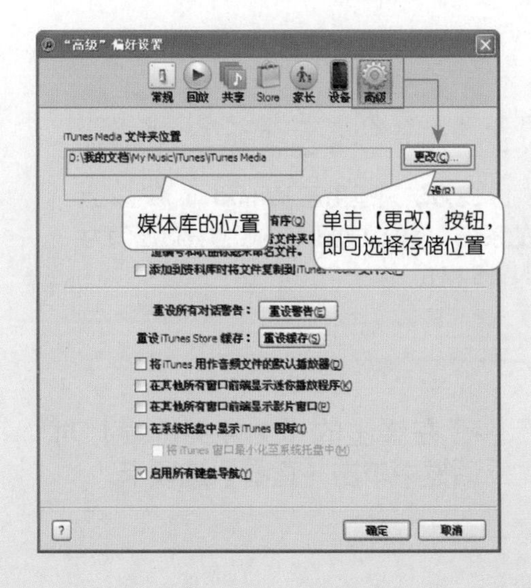

提示

在资料库中，媒体库（iTunes Media 文件）占空间最大，如果觉得“搬家”太麻烦，可以在“高级”偏好设置中，更改媒体库文件的位置，为 C 盘减压。

另外，对于资料库默认位置为 D 盘的用户，就不需要执行该操作，当然也可以从 D 盘转移到其他盘符中。

3. 改变 iTunes 备份的存储位置

iTunes 备份设备的位置是在 C 盘，随着备份文件越来越大，你是不是希望更改它的存储位置，好让电脑流畅运行不影响，下面就用 Junction 这个小工具实现这个想法。

Junction 下载地址：http://download.sysinternals.com/Files/Junction.zip

01 更改备份位置的前期准备

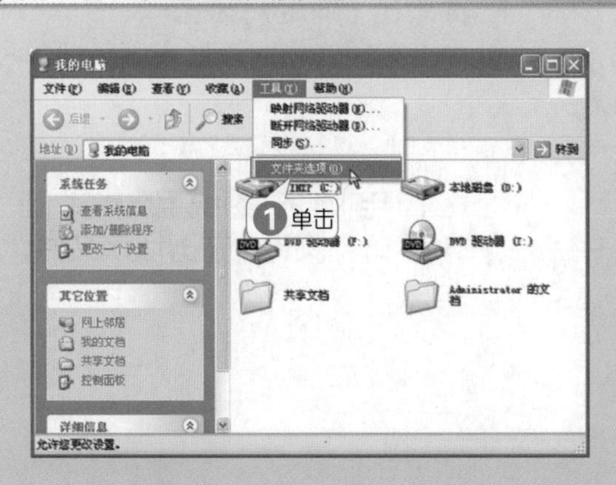

❶ 在电脑中打开【我的电脑】，然后选择【工具】➤【文件夹选项】菜单命令。

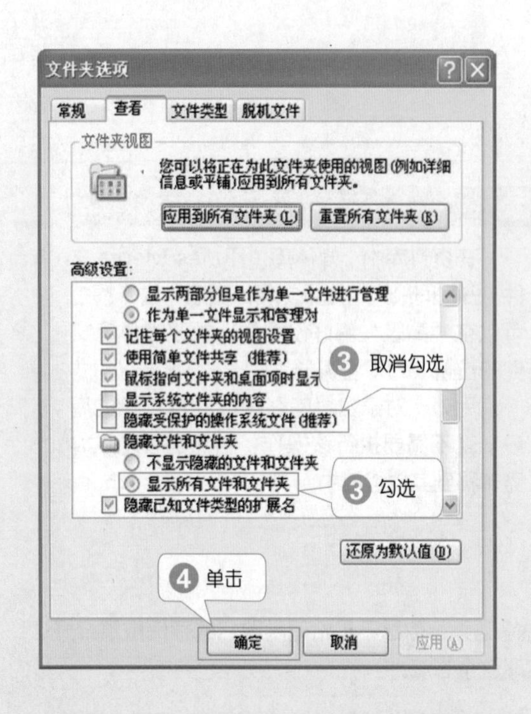

提示

此方法只适用于 Windows XP 以上的系统，备份文件所在的硬盘分区必须为 NTFS 格式。

❷ 在弹出的【文件夹选项】对话框中单击【查看】选项卡。

❸ 在【高级设置】选项下取消勾选【隐藏受保护的操作系统文件】，勾选【显示所有文件和文件夹】选项。

❹ 单击【确定】按钮。

❺ 在电脑的系统盘中找到“Backup”文件，并剪切该文件。

提示

Windows XP 系统中的备份文件位置为：C:\Documents and Settings\Administrator（用户计算机名）\Application Data\Apple Computer\MobileSync。

6 在 D 盘新建文件夹“iTunes”，并将剪切的“Backup”文件粘贴到该文件夹中（大家可以根据需要选择新建文件夹的位置）。

7 将下载的“Junction”解压后放到“D”盘中（根据第6步的设置，将 Junction 文件放到根目录下）。

02 使用命令提示符更改备份位置

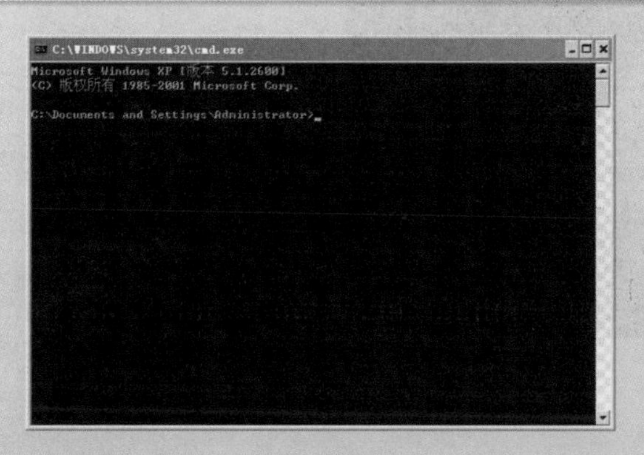

❶ 单击【开始】➤【所有程序】➤【附件】➤【命令提示符】菜单命令。

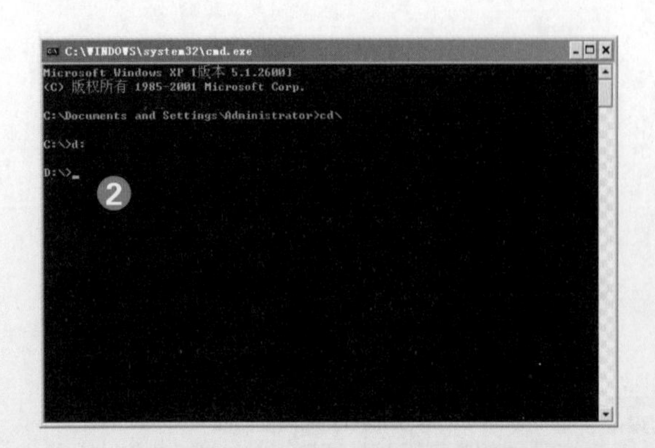

❷ 输入“cd\”后按回车键，再输入“d:”（设置存放备份文件的磁盘）。

提示

Windows 7 系统需要以管理员的身份运行“命令提示符”。

❸ 输入“junction”后按空格键，然后输入原备份文件位置“C:\Documents and Settings\Administrator\Application Data\ Apple Computer\MobileSync\Backup”，以及更改后的位置“D:\iTunes\Backup”，最后按回车键。

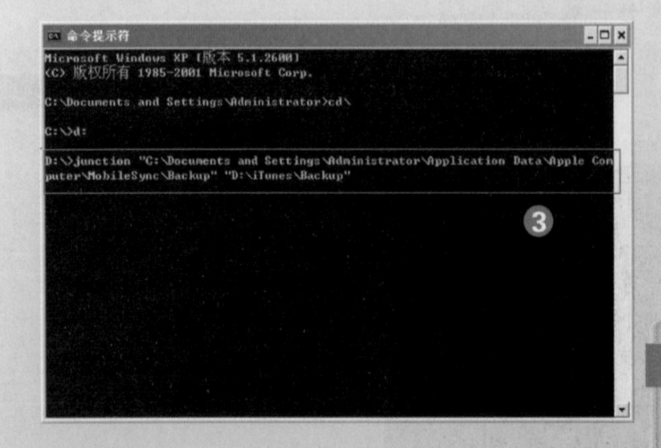

提示

两个文件位置之间需要有一个空格。

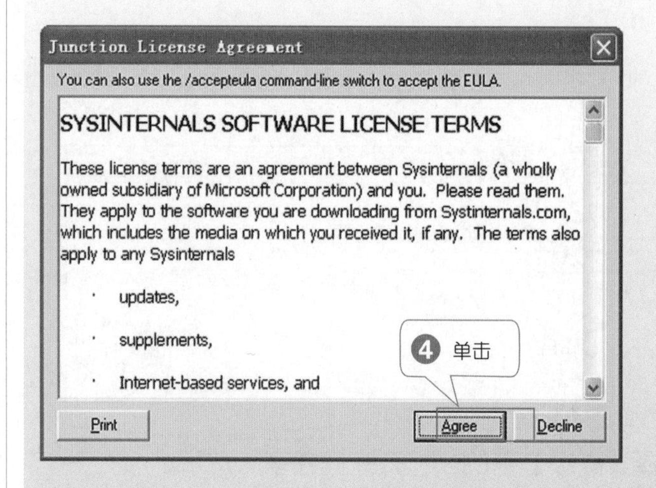

❹ 在弹出的对话框中单击【Agree】按钮。

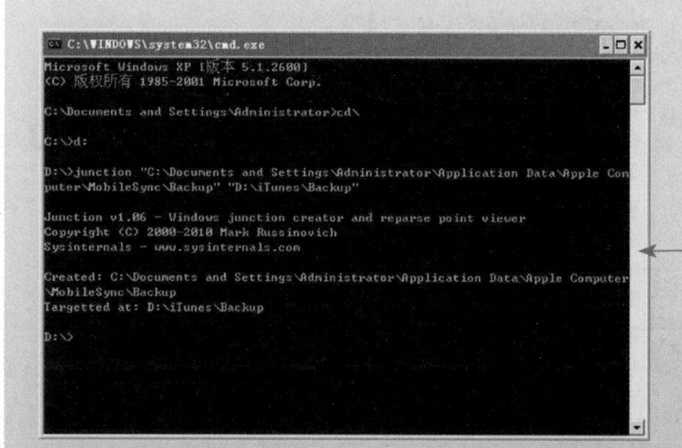

出现此画面证明更改成功了，再次备份时，备份文件就会保存到指定位置了。

秘技 39 多台电脑同步一个 iPhone 4S 的问题

由于 iTunes 每次只能同步一个资料库中的内容，更换计算机后，原来的资料库就不存在了，再同步时 iPhone 4S 中的数据将会被抹掉。

方法一 使用家庭共享（两台电脑需在同一局域网内）

1. 共享电脑 (A) 中的资料库

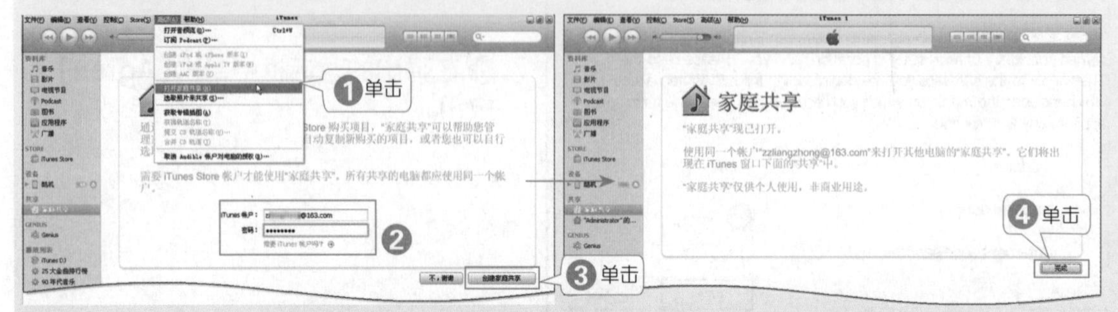

❶ 在 iTunes 中选择【高级】下的“打开家庭共享”选项。
❷ 在【家庭共享】接口下输入 iTunes 账号和密码。
❸ 单击【创建家庭共享】按钮。
❹ 单击【完成】按钮，此时就已经打开“家庭共享”。

2. 在电脑 (B) 中查看电脑 (A) 中的资料库

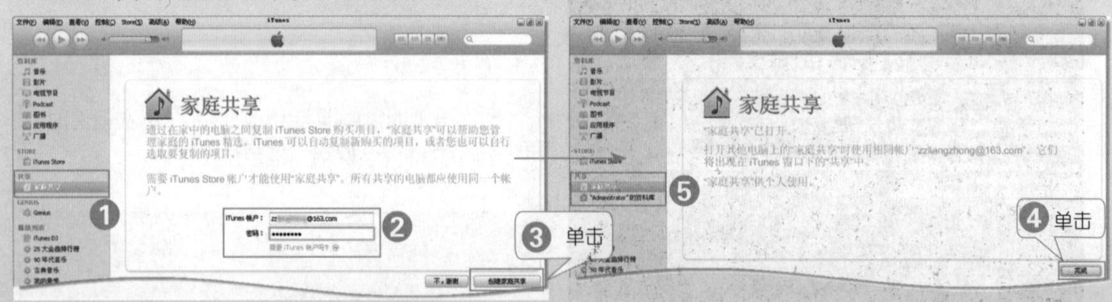

❶ 在电脑（B）中启动 iTunes，然后在 iTunes 中选择【共享】下的【家庭共享】选项。
❷ 在【家庭共享】接口下输入 iTunes 账号和密码（这里输入的账号和密码要与在电脑（A）中输入的保持一致）。
❸ 单击【创建家庭共享】按钮。
❹ 单击【完成】按钮。
❺ 单击共享下显示的电脑（A）数据库名，即可开始加载电脑（A）数据库中的资源。

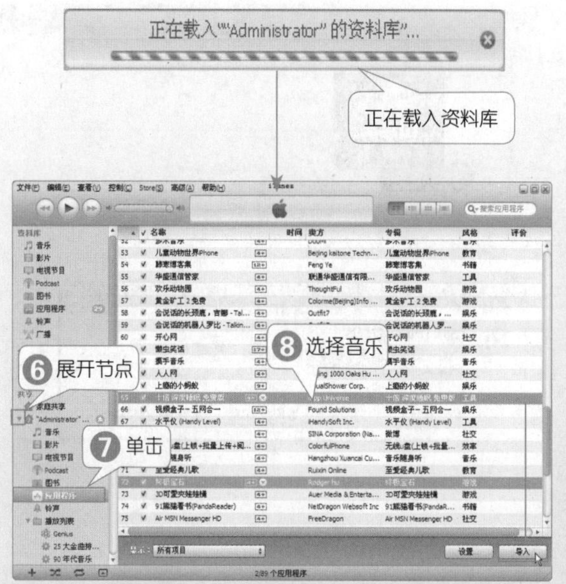

❻ 加载完成后，在“共享”下即可看到电脑（A）数据库中的资源，单击数据库左侧的 ▶ 按钮，当按钮变成 ▼ 按钮时，即可打开节点，显示电脑（A）数据库的详细分类。

❼ 如果要从中复制购买的应用程序到电脑（B）的数据库中，可在展开的列表中单击【应用程序】选项。

❽ 在右侧即可看到电脑（A）数据库中的所有应用程序，单击要复制的应用程序，这里按住【Ctrl】键的同时选择两个程序，然后单击【导入】按钮。

❾ 复制完成后，即可在电脑（B）的数据库中看到复制过来的购买项目，再次连接 iPhone 4S 时，即可将复制过来的购买项目同步到 iPhone 4S 中，从而实现家庭共享的目的。

提示

在电脑（A）中也可以看到电脑（B）数据库中的资源。如果要关闭共享，则可在 iTunes 中选择【高级】➤【关闭家庭共享】命令。

方法二 iTunes 资料库大挪移

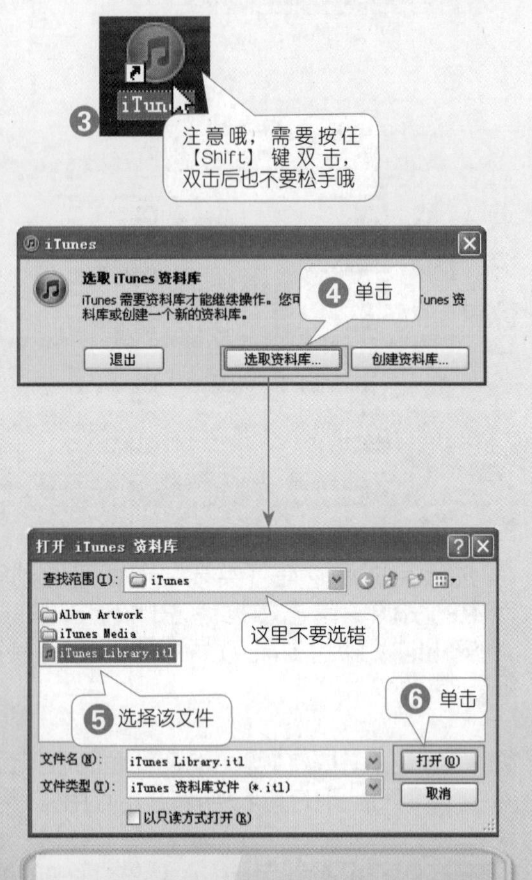

❶ 将之前同步过 iPhone 4S 的电脑（A）中的【我的文档】➤【我的音乐】文件夹中的【iTunes】文件夹复制到硬盘中，并更改其文件夹的名称(这里更改为【iTunes A】)。
❷ 将硬盘中的【iTunes A】文件夹复制到电脑（B）中（大家可以根据需要选择存放的位置）。
❸ 在计算机桌面上按住【Shift】键双击 iTunes 快捷图标。
❹ 弹出【iTunes】对话框后，松开【Shift】键，然后单击【选取资料库】按钮。
❺ 在弹出的【打开 iTunes 资料库】对话框中选择刚刚保存的【iTunes A】文件夹，然后选择其中的“iTunes Libray.itl”文件。
❻ 单击【打开】按钮，此时 iTunes 使用的是复制过来的电脑（A）中的数据库，这样再进行同步时，就如同是在电脑（A）中进行同步。

提示

可将最后一次同步的计算机中的数据库保存在 U 盘上，【选取数据库】时选择 U 盘上的数据库即可。这样就可以避免同步时由于数据库不一致而导致数据丢失的现象。

秘技 40 使用一台电脑同步多个 iPhone 4S

我的 iPhone 4S 在家里同步后，和老公的 iPhone 4S 中的资源一模一样！
要显示你的 iPhone 4S 的独特魅力吗？把你和老公使用的数据库分开吧！

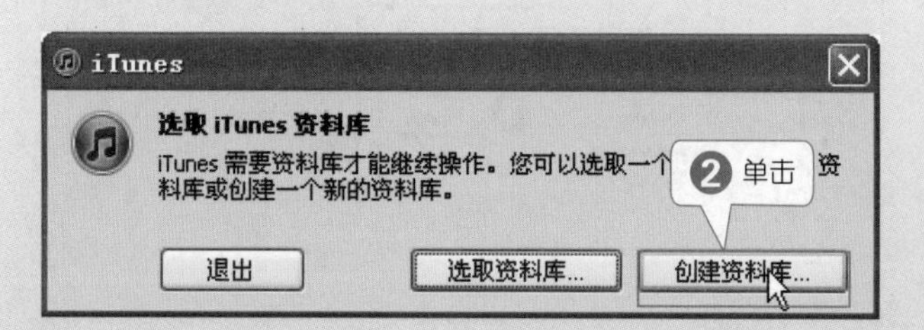

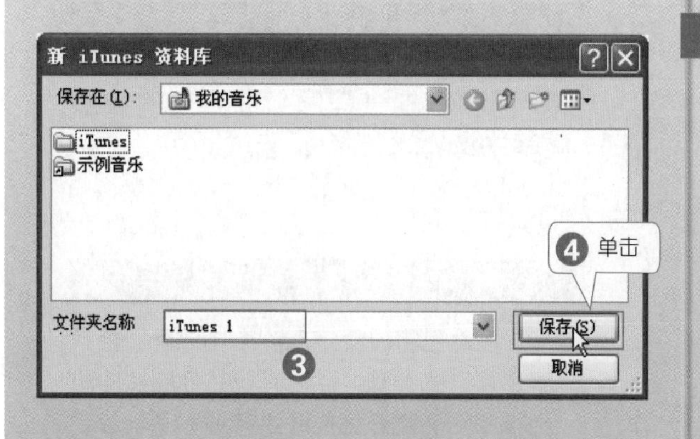

❶ 在电脑桌面上按住【Shift】键双击 iTunes 快捷图标。

❷ 弹出【iTunes】对话框后，松开【Shift】键，然后单击【创建资料库】按钮。

❸ 在弹出的【新 iTunes 数据库】对话框中的【文件夹名称】中输入新的名称。

❹ 单击【保存】按钮，即可新建 iTunes 数据库，这样就可以在同步时选择不同的数据库文件夹了。

提示

采用分数据库的方法虽然可以同步自己的独特的内容，但是每次打开都要选择数据库，比较麻烦。

可以在电脑中创建多个账户，在各账户中分别安装配置 iTunes，每个账户对应的 iTunes 数据库文件夹不同（默认放置在各个账户中的【我的文档】中），这样就不会出现同步混乱或数据丢失的现象。

秘技 41 应用程序的购买与同步问题

众所周知，只有安装了应用程序，才能发挥 iPhone 4S 的性能，而购买与同步应用程序也成了我们经常要做的事。当在这上面出了问题，那么它绝对是一件令人苦恼的事，所谓“兵来将挡，水来土掩”，一切问题都只是浮云。

现象 1 删除未下载完成的应用程序

每次打开 iTunes，都会自动下载一些以往没有下载的程序，或在下载购买程序时，不知怎么地就出现了，那么如何才让它不再出现呢，不如尝试下面的方法吧。

❶ 单击 iTunes 左侧列表中的【下载】选项，进入下载界面后，右击要删除的【应用程序】，在弹出的快捷菜单中选择【删除】命令。

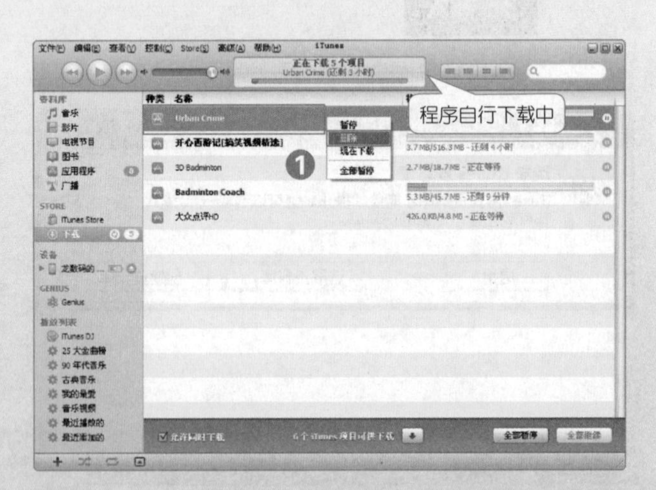

❷ 此时，会询问是否删除，选择【删除】即可，即会看到所删除应用程序处于“停止”状态。

❸ 再次右击该程序，在弹出的快捷菜单中选择【删除】选项即可。

提示

虽然已将该程序从列表中删除，但并不是真正的删除。因为它已是你购买的应用程序，不管是免费还是花钱购买，都会记录在苹果服务器上，除非退款，否则还会在莫名地情况下又回到下载列表中。

其实，删除的应用程序又回到下载列表中，并不是无迹可寻，是因为你的不小心误点造成的，那么如何避免，看下面的图片就知道原因。

删除的应用程序又回到下载列表中，主要由以下两方面导致。

(1) 在【Store】选项卡下，单击了【检查可用下载项目】。

(2) 单击了下载列表下方的“iTunes 项目可供下载”旁的“ ”按钮。

当然，如果想将删除的未下载完成的应用程序恢复，选择上面两条任意一条即可。

如果确实今后不会用到该程序了，那么，建议在空闲的时间将该程序下载下来，然后在资料库中和本地磁盘中彻底删除，这样更彻底。

现象 2　提示“iTunes 同步安装失败”

在 iTunes 中同步应用程序后，iPhone 4S 上弹出一个对话框，提示“iTunes 同步安装失败”，那么这是为什么呢？

这是由于该程序是你从朋友那里或网络论坛中下载获得，而这些账号并未对你的电脑进行授权。同步时，虽然在 iTunes 中显示有同步进度，但是无法正常安装至你的设备中。

当然，我们完全在经朋友同意时，将其花钱购买的应用程序安装到自己的设备中，具体方法可以参照本节的“现象 4 如何复制别人的应用程序”内容。

现象 3 同步时，提示“找不到此应用程序”

在同步应用程序时，iTunes 中弹出对话框提示，无法将应用程序安装到 iPhone 4S 中，因为找不到该程序。

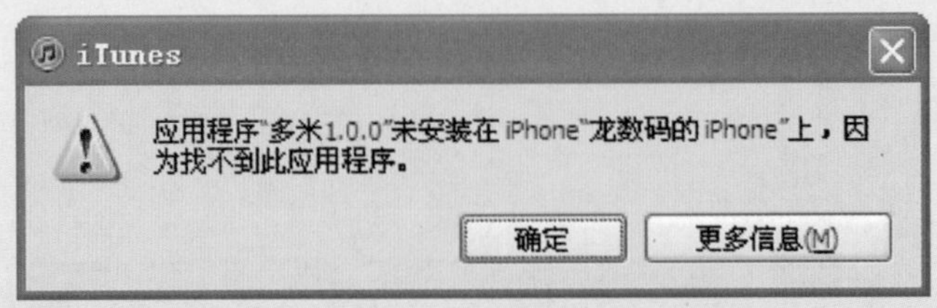

这是因为在资料库中的应用程序的存储位置发生变化或被删除。此时，我们可以选择查找该程序，或删除并重新下载。

❶ 单击【资料库】下的【应用程序】选项，在应用程序列表中找到该程序并右击。

❷ 在快捷菜单中选择【显示简介】选项或双击该程序。

提示

在程序列表中，凡是程序左下角有灰色叹号，即表示该应用程序的存储路径有问题，或者已被删除。

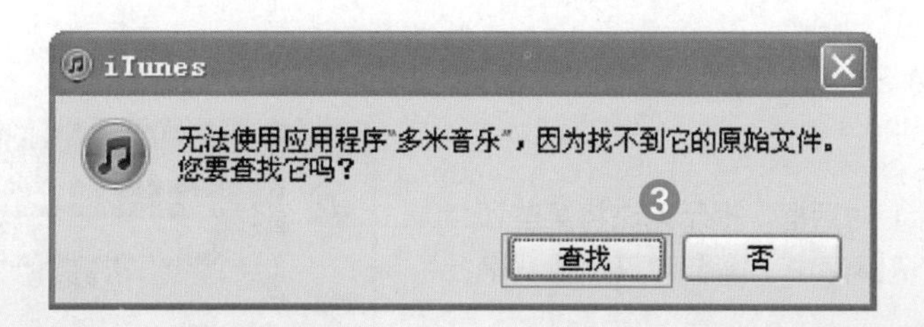

❸ 此时即会弹出【iTunes】对话框，单击【查找】按钮，在本地磁盘中找到该程序的正确路径即可，若找不到或已删除，可直接在列表中删除该程序的图标。

现象 4 如何复制别人的应用程序

把朋友免费下载的、花钱购买的所有好玩的应用程序安装到自己的设备中（当然需要先得到对方的同意），让自己痛痛快快玩个够！

01 传输购买项目

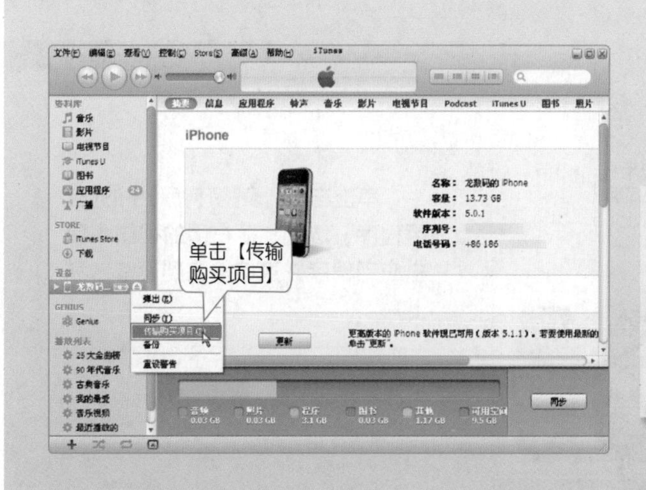

将设备与电脑连接起来，在识别出的设备名称上单击鼠标右键，选择【传输购买项目】，将自己设备中已购买的应用程序传输到朋友的资料库中。

弹出【iTunes】对话框，提示无法将某些项目传输到 iTunes 资料库中，需要对其授权，单击【授权】按钮。

输入账号和密码，对电脑授权成功后，即可将应用程序传输到电脑上。

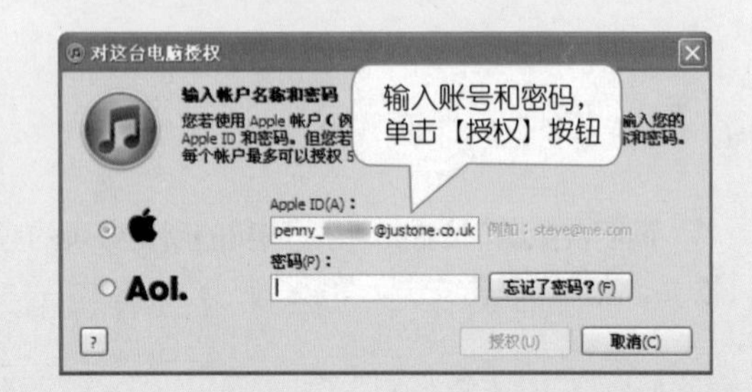

02 安装应用程序

单击左侧列表【资料库】中的【应用程序】选项，在右侧的视图中单击应用程序并直接拖曳到设备名称上。

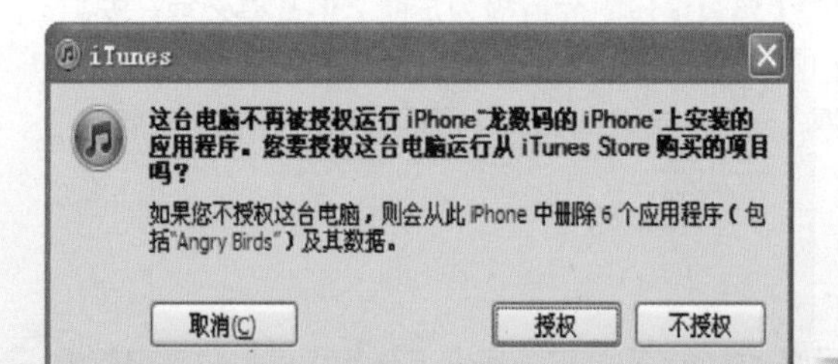

安装程序过程中如果弹出【iTunes】对话框，提示需要对电脑授权，才能安装应用程序，这是因为资料库中的部分程序使用的购买账号没有对电脑授权，单击【授权】按钮，输入账号和密码，开始安装应用程序。

提示

安装完应用程序之后，可以在 iTunes 顶端单击【Store】➤【取消对这台电脑的授权】选项，取消账号的授权。

提示

将复制朋友的游戏传输到自己的资料库时，同样是需要账号和密码的。如果不使用购买应用程序的账号和密码，是不可以传输到你的资料库中的。

秘技 42 比 iTunes 用起来更方便的 iTools

iTunes 固然强大，但与国内人们的操作习惯较不符，加上其上手难度较大，所以并不得太多人喜爱，反而成为了用户使用 iPhone 4S 的一个瓶颈。那么，除了 iTunes，iTools 可谓是最佳选择！

现象 1 不可丢弃的 iTunes

虽然iTunes使用起来并不方便，在某些功能上可以使用iTools所代替，但是iTunes是不能被丢掉的，即使有更方便的软件，离开它就变得无力了。

那么，我们在哪些时候是不得不使用 iTunes 完成的呢？

(1) 备份数据。iTunes 备份数据和还原是其他软件所不能比的，即使并不能全面备份所有数据，但是较为方便。

(2) 下载应用程序。在 iTunes 中下载程序比起在 iPhone 4S 下载，其速度要快得多。

(3) 使用其他 iPhone 4S 管理工具。虽然其他管理工具有很多，而且极为方便，但都是必须在安装 iTunes 的电脑环境下运行，否则是不能使用其功能的。

(4) 固件升级、平刷、降级。无论固件更新为最新版本，还是将 iPhone 4S 刷回较低版本或当前版本，都需要使用 iTunes 实现。

现象 2 逐个安装应用程序

使用 iTunes 安装应用程序，每次都需要同步所有程序，要么还需要将设备上下载的程序传输到电脑中，十分麻烦。相信每个用户都希望可以单独安装某个程序而不需要同步或传输其他程序，而 iTools 完全可以满足你这个需求。

iTools 下载地址：http://www.itools.hk/

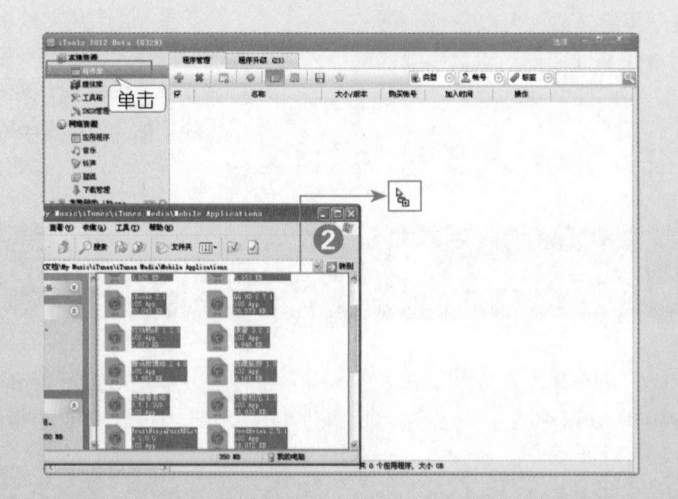

❶ 下载 iTools 后解压出来，然后打开 iTools，并将 iPhone 4S 连接到电脑上。

❷ 在 iTools 界面中单击【程序库】，然后选择本地已下载好的程序拖曳至 iTools 中。

提示

iTunes 下载程序保存地址：D:\ 我的文档 \My Music\iTunes\iTunes Media\Mobile Applications。

③ 单击按钮即可完成安装。

提示

虽然iTools可以方便地安装应用程序，但是较容易在安装程序后出现闪退现象，此时将程序删除，并重新安装即可。

现象 3 为 iPhone 4S 桌面程序分类

为程序建文件夹分类是个费时间的活儿，使用 iTools 可以快速为桌面程序进行分类，简单快捷。

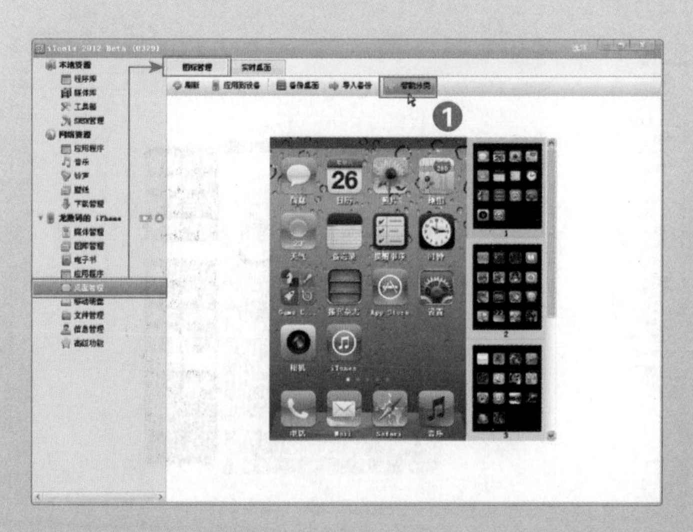

❶ 单击左侧的【桌面管理】按钮，然后在【图标管理】选项卡下单击【智能分类】。

❷在弹出的【智能设置】对话框中去掉【自动分类】选项，选择要分类的文件夹，并单击【确定】按钮。

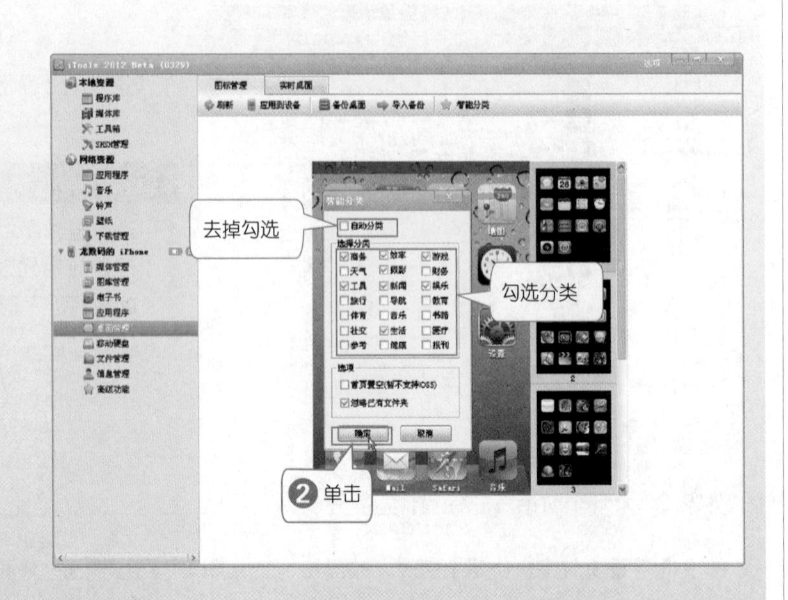

❸单击【应用到设备】按钮，然后在弹出的对话框中单击【是】按钮，即可快速对应用程序分类。

秘技 43 选择合适的同步备份软件

在众多的 iPhone 4S 管理软件中，选择一款适合自己的软件是多么艰难的事。了解它们的优缺点，对于你的选择无疑是莫大的帮助。

现象 1 设备同步软件的对比

软件名称	下载地址	优点	缺点
同步助手	http://www.tongbu.com/	(1) 安全性较高，不会因为安装软件出现白苹果现象 (2) 开创了多台设备安装软件的新方式，把软件同时安装给不同的设备安装软件 (3) 可将电脑中的音乐、视频以及图书等添加到设备中，不覆盖设备中原有的文件 (4) 集成了的音乐搜索，试听方便，下载迅速，免去繁琐的操作，海量音乐随心下载 (5) 可对设备上的文件进行管理 (6) 可导入电脑中的音乐，支持对歌名、专辑、封面、歌词等信息的修改，有丰富的封面资料库	(1)同步助手占用内存较大，如果电脑配置较低，使用过程中可能反应较慢 (2) 在同步助手中删除软件，关机重启后，再次安装该软件，有时会提示出错，显示该软件已安装
PP 助手	http://www.25pp.com/	(1) 使用方便，易操作 (2) 可以快捷管理 iPhone 4S 中的文件，轻松实现文件在电脑和设备间的双向传输 (3) 支持音频转换、SHSH 管理、iOS 固件下载等功能 (4) 支持程序、音乐、照片、图书、文件、信息（通讯录、短信、日历、邮件）的备份	(1) 同步文件有时会出现错误 (2) 使用该软件安装程序时易出现闪退现象

现象 2 设备备份软件的对比

软件名称	下载地址	优点	缺点
iTools	http://www.itools.hk/	(1) 软件体积小 (2) 使用“iTools”工具可以很方便地选择要备份的内容，在导出文件时速度较快，且软件自身占空间较小 (3) 备份 SHSH 很方便 (4) 安装软件极为方便	(1) 不能直接下载游戏 (2) 文件管理没有预览图 (3) 每次进入软件都要读取一次应用程序 (4) 无更改文件权限的功能
i-FunBox	http://dl.pconline.com.cn/download/64171.html	(1) 功能强大、速度快，界面美观大方 (2) 使用较安全 (3) 此软件偏重于文件管理 (4) 能够很好地识别出 epub 格式图书，安全	(1) 备份后的图片会更改原有照片的名称，并且备份出的文件分散地存放于各个文件夹，使用时需要重新搜索 (2) 没有媒体功能，只是一个文件管理工具 (3) 复制出的 epub 格式图书需要重新压缩格式才能使用
曦力苹果派	www.xilisoft.com.cn	(1) 使用曦力苹果派备份音乐和视频可以很方便地选择要备份的内容，并且可以将文件存放于一个文件夹下 (2) 可以将绝大多数常见格式的音 / 视频文件、DVD 文件转换并上传到 iPhone 4S (3)在电脑和 iPhone 4S 之间轻松传递 iPhone 4S 文件，复制 iPhone 4S 文件到 iTunes 资料库 (4)界面简洁、友好	使用了修改相册（如上传照片、新建相册等），这个软件会将相册全部弄乱

总结

功能全面性：同步助手 >iTools>i-Funbox

功能实用性：i-Funbox=iTools= 同步助手

功能操作性：i-Funbox=iTools= 同步助手

软件速度性：iTools>i-Funbox> 同步助手

第 6 篇

硬件问题

硬件一旦出现问题，可能会直接导致我们无法正常使用 iPhone 4S。其实，很多硬件故障是可以自行解决的。

排除硬件故障，玩起来更舒畅

秘技 44 按键反应迟钝或不灵问题

数来数去，iPhone 4S 上的按键也就那么几个，但是按键如果出了问题，我们就无法关机、无法返回主界面、无法快速调节音量大小等。

现象 1 【Home】键反应迟钝

【Home】键主要用于返回主界面、查看最近使用的操作程序。在重启 iPhone 4S，进入恢复模式和 DFU 模式时也会用到

遇到【Home】键反应迟钝，可尝试使用以下方法进行排除并解决。

(1) 某个程序问题。如果在执行某个程序操作，按【Home】键出现反应较慢现象，可尝试退出该程序后，启动其他应用程序进行检验，看是否正常。如果正常，此时可卸载该程序并重新安装。

(2) 后台程序运行过多。如果执行其他程序，依然存在反应迟钝问题，可能是由于后台程序运行过多，iPhone 4S 系统运行缓慢，进而导致按键反应迟钝。此时请重启 iPhone 4S。

(3) 系统问题。如果重启并未解决，可尝试恢复出厂设置。

(4) 【Home】键问题。如果恢复后并未解决，可能是长时间的使用导致【Home】键进入灰尘或其他原因，接触不良，此时需要送修。

现象 2 【Home】键无法正常工作

按下【Home】键后屏幕没有变化，这可能是由以下两种情况导致的。

(1) iPhone 4S 反应过慢。这时可以轻按【开 / 关机】键关闭 iPhone 4S，等待几秒，然后轻按【Home】键唤醒 iPhone 4S。

(2) 【Home】键受损。如果在所有的程序中都存在【Home】键反应迟钝或者无反应，就有可能是【Home】键受损，这就需要送修了。

现象 3 【开 / 关机】键无法正常工作

【开 / 关机】键无法正常工作常表现为无法锁定屏幕、解锁屏幕或关机等。

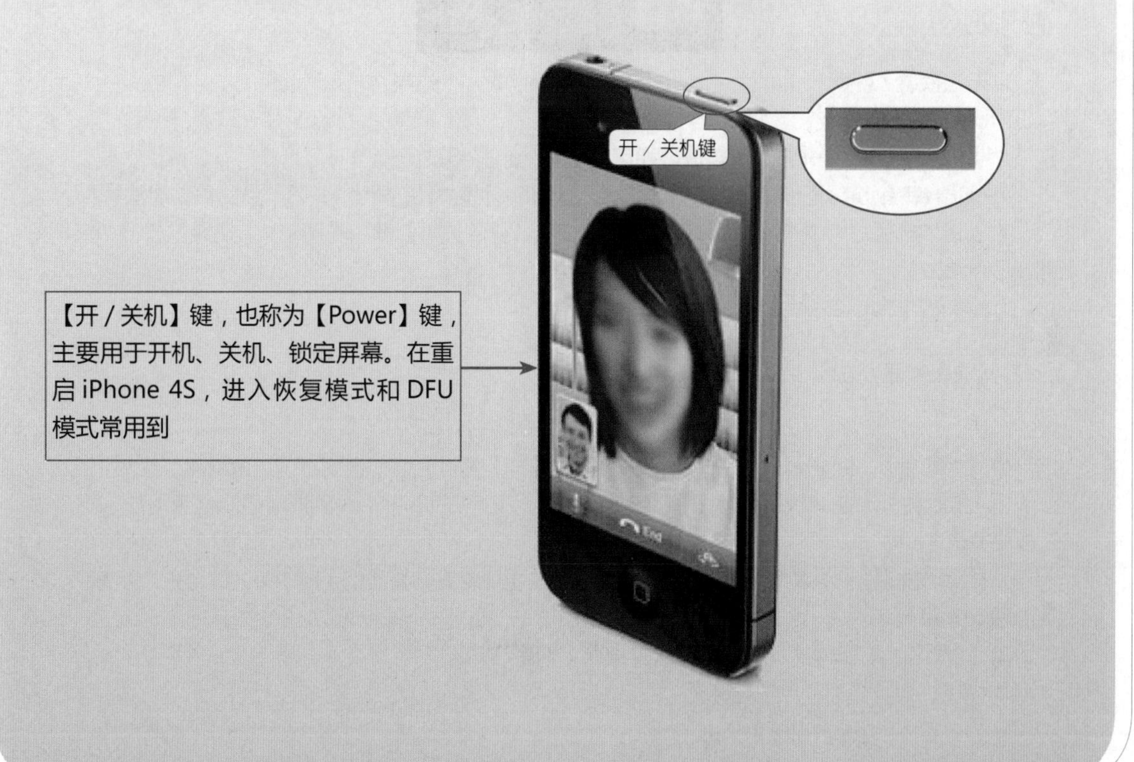

1. 无法锁屏 / 解锁

(1) 如果锁屏，轻按【开 / 关机】键即可锁定 iPhone 4S。

(2) 如果解除锁定，轻按【开 / 关机】键或【Home】键唤醒 iPhone 4S，然后移动滑块解锁。

(3) 如果未能解决，请将 iPhone 4S 重启。按住【开 / 关机】键和【Home】键至少 10 秒钟，直到出现 Apple 标志。

(4) 再次尝试锁屏或解锁。

2. 无法正常开 / 关机

(1) 如果开机，在 iPhone 4S 关闭状态，长按【开 / 关机】键，直到出现 Apple 标志。

(2) 如果关机，在 iPhone 4S 开机状态，长按【开 / 关机】键，直到屏幕显示红色滑块，然后移动滑块关机。

(3) 如果未能解决，请将 iPhone 4S 重启。按住【开 / 关机】键和【Home】键至少 10 秒钟，直到出现 Apple 标志。

(4) 如果以上不能解决，是由于该按键受损，需要送修。

现象 4 音量调节键失灵

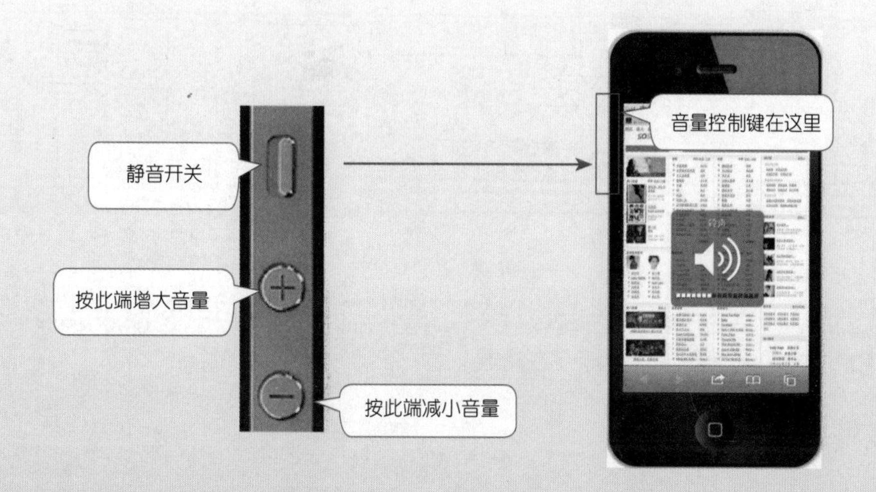

在使用 iPhone 4S 的过程中，遇到音量调节键失灵。

(1) 程序自身的 Bug。如果在执行某个程序时，按【音量调节】键不能调节音量大小，可先尝试退出该程序后，启动其他应用程序进行检验，看是否可调节声音。如果正常，此时可卸载该程序或等待程序更新。

(2) 尝试重启 iPhone 4S，按住【开 / 关机】键和【Home】键至少 10 秒钟，直到出现 Apple 标志。

(3) 还原出厂设置。备份 iPhone 4S 数据后，在【设置】➤【通用】➤【还原所有设置】中进行还原。

(4) 如果以上三步都不能解决，即可送到苹果售后服务中心进行检修。

秘技 45 iPhone 4S 充电故障

电池是 iPhone 4S 的“心脏”，是能量之源，在使用中会遇到充电故障，无法充电，以至不能正常使用的情况。

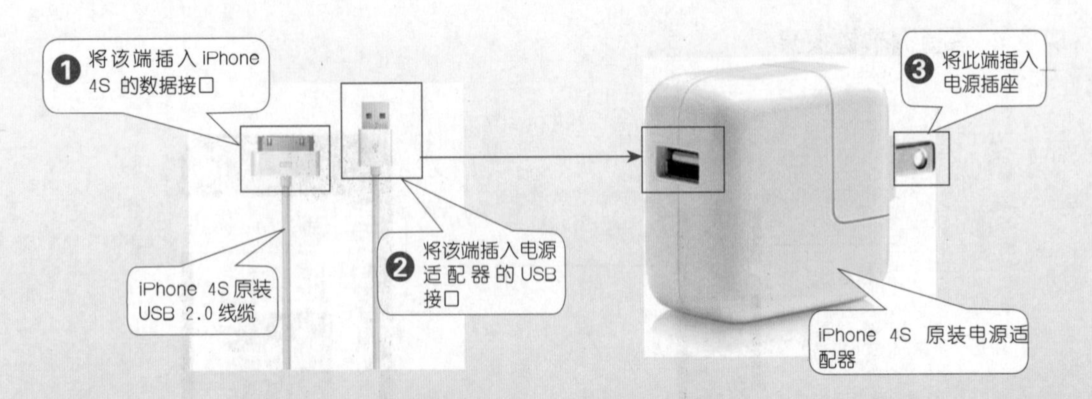

将 USB 2.0 线缆的一端连接在电源适配器上，一端连接在 iPhone 4S 上，在 iPhone 4S 的右上角显示百分比和带闪电的电源图标，就表示正在充电。

现象 1 出现电量不足图像

(1) 如果 iPhone 4S 电量较低，屏幕上会显示空白约 2 分钟左右，就会显示电量不足的图像。此时，iPhone 4S 处于较低电量状态，需要给它充电 10 分钟以上，才能够继续使用。

(2) 如果要想快速充电，请在 iPhone 4S 关机状态下，选用 iPhone 4S 电源适配器进行充电。

现象 2 提示不支持用此配件充电

将 iPhone 4S 连接到充电器上或其他充电设备上，屏幕中提示“不支持用此配件充电”的对话框或警示符号。其主要原因是电压不足和电源适配器不配套所致，所以在充电时，弹出“不支持使用此配件充电”字样的提示框，前者的可能性较大。

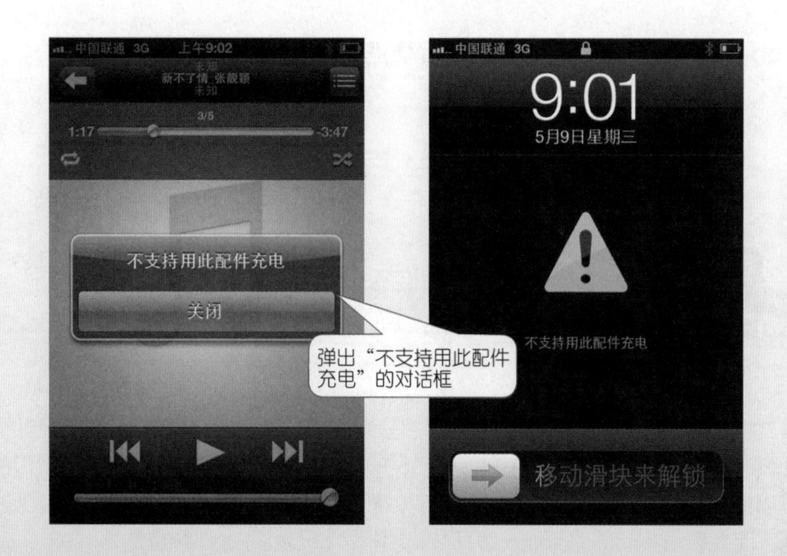

此时，解决的方法介绍如下。

(1) 如果在电脑上进行手机充电，请再次插拔数据线，尝试是否可以解决。建议将 USB 接口接入机箱后端的 USB 接孔中，前端 USB 接孔电压不足，容易出现此类问题。

(2) 如果使用其他充电器进行充电，由于电源与 iPhone 4S 不配套，无法满足 iPhone 4S 充电，建议使用原装电源适配器进行充电。

现象 3 iPhone 4S 充不上电

在对 iPhone 4S 进行充电时，如果发现不能对 iPhone 4S 充电，可采用以下方法进行解决。

(1) 充电时要使用原装的电源适配器和 USB 2.0 线缆，以免充不上电或对 iPhone 4S 造成损坏。

(2) 检查使用的插座是否正常，可尝试换其他插座进行充电。

(3) 如果不行，请尝试使用其他配套的电源适配器。

(4) 如果使用电脑对 iPhone 4S 进行充电，使用数据线连接电脑，安装 ASUS Ai Charger 软件，并确保电脑处于待机、睡眠模式。

(5) 室内温度太低（0℃左右），有时也无法充电，可以用毛毯盖住 iPhone 4S ，待 iPhone 4S 温度升高后即可充电。

(6) 电源适配器接口太脏，可使用干净的棉签擦拭接口处，然后对 iPhone 4S 进行充电。

(7) 如果以上均不可以解决，可联系销售商或维修商更换或者维修设备。

现象 4 iPhone 4S 电源适配器插头与三相插座不配套

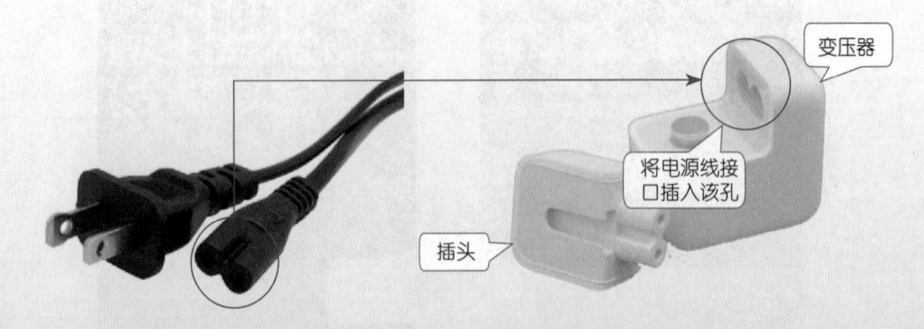

iPhone 4S 的原装电源适配器是拆开的，由两部分组成，分为插头和变压器，主要考虑不同国家的插座标准，方便iPhone 4S用户旅行中为iPhone 4S充电的问题，只需购买一根8字形接口的电源线，至于长度完全可以根据自己的需要，当然它也可以有效解决 iPhone 4S 数据线过短，以使自己不能边充电边玩的问题。而 8 字形接口的电源线一般在数码相机、打印机等上都会有。

在使用中，将 8 字形接口的电源线接口插入拆开的变压器上，即可连接电源进行充电。

当然也可以根据需要，选择三相插头，满足出国等充电需求。

现象 5 户外充电问题

如果在户外，无法使用电源适配器对 iPhone 4S 进行充电，此时选择购买一个车载充电器对 iPhone 4S 充电，或者也可以购买一个移动电源保障 iPhone 4S 的电力续航，完全可以满足外出旅行、出差无法为 iPhone 4S 充电的问题。

(1) 车载充电

购买一个车载充电器，将车载充电器插到汽车上的点烟器上，然后使用数据线连接 iPhone 4S 和充电器，即可进行充电。

(2) 移动电源

移动电源只需提前将电源充满电，当 iPhone 4S 电量低时，连接移动电源即可进行充电。

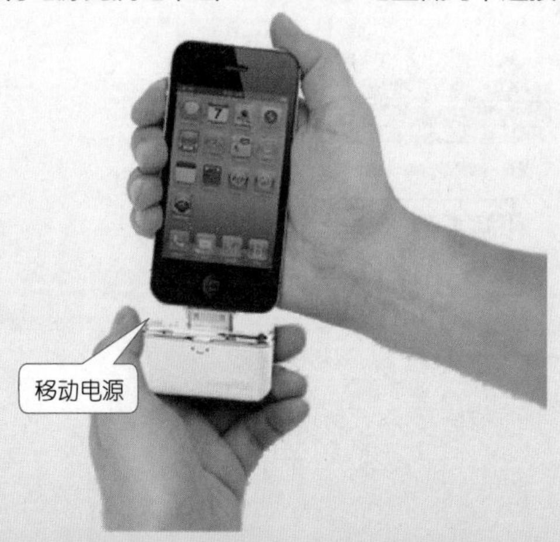

秘技 46 iPhone 4S 屏幕显示故障

屏幕显示出现故障，它就会像一台没有显示器的电脑，就无法最好地呈现那些精彩的画面。

现象 1 屏幕不能横屏显示画面

浏览网页、玩游戏、看电影，横屏是最为舒服的浏览模式，当发现屏幕不能横屏显示画面时，就可采取以下方法排除并解决。

(1) 退出正在运行的程序，打开其他程序或电影，然后将 iPhone 4S 横放，看是否可以横屏显示。需要注意的是，不是所有程序都支持横屏模式，还包括 iPhone 4S 兼容的 iPhone 4S 程序。

(2) 查看是否锁定了自动锁屏。双击【Home】按钮，向右滑动屏幕底部出现的应用程序栏，如果发现【旋转】按钮中间有一把锁，单击它即可。

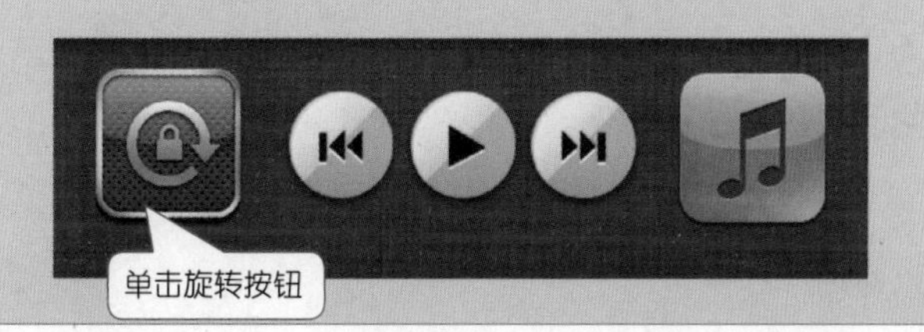

现象 2 屏幕显示背景太暗

(1) 在【设置】➤【亮度与墙纸】中，尝试调节 iPhone 4S 的亮度，看有无变化。
(2) 尝试重启 iPhone 4S，按住【开 / 关机】键和【Home】键至少 10 秒钟，直到出现 Apple 标志。
(3) 如果未能解决，可将 iPhone 4S 进行充电，至少在 20 分钟以上。

现象 3 屏幕显示反常

(1) 尝试重启 iPhone 4S，按住【开 / 关机】键和【Home】键至少 10 秒钟，直到出现 Apple 标志。
(2) 运行不同的程序或电影等，查看该问题是否与某个程序相关。
(3) 如果屏幕背景太暗，在【设置】➤【亮度与墙纸】中，调节 iPhone 4S 屏幕显示亮度。

秘技 47 屏幕触摸不灵及定屏现象

屏幕触摸不灵或定屏现象是在 iPhone 4S 使用中较为常见的问题，我们可根据不同的情况分析并进行解决。

现象 1 运行某个程序时出现定屏现象

(1) 长按【Home】键退出该程序，返回到屏幕主界面。

(2) 重启 iPhone 4S 后，运行该程序看是否解决，如果仍然存在，可卸载该程序并安装最新版本。

现象 2 一直处于定屏或卡住状态

(1) 按住【开 / 关机】键和【Home】键至少 10 秒钟，直到出现 Apple 标志。

(2) 运行不同的程序，查看是否与某个程序有关。若因某个程序而致，可重新安装该程序。

(3) 如果未能解决，选择【设置】➤【通用】➤【还原】➤【还原所有设置】选项，重设 iPhone 4S。

现象 3 屏幕触摸不灵

(1) 轻按【Home】键，退出正在运行的程序，尝试运行不同的程序，检测是否因为该程序导致的屏幕触摸失灵现象。如果因该程序而致，删除该程序。

(2) 如果不是程序原因，重启 iPhone 4S，看可否解决。

(3) 如果未能解决，可尝试恢复出厂设置或升级为当前最新固件版本。

(4) 如果仍不能有效解决，可送苹果服务维修中心进行检修。

秘技 48 其他硬件故障

现象 1 充电时，设备外壳发热

设备在充电时变热，或者在执行占用处理器和网络的密集操作时变热，都是正常现象。此时可以取下设备上的保护套或外壳，这样更容易散热，否则会产生很多热量，影响电池的容量。

现象 2 设备不响应，无任何反应

设备的电池电量可能较低，将设备连接到电源适配器以充电。

按住设备上的【开 / 关机】键几秒钟，直至屏幕上出现红色滑块，然后按住主屏幕按钮，直到使

用的应用程序退出。

如果未能解决，请将设备关机，然后再次开启。按住设备上的【开 / 关机】键几秒钟，直到一个红色滑块出现，然后拖移此滑块。最后按住【开 / 关机】键数秒，直至屏幕上出现 Apple 标志。

如果未能解决，请将设备复位。按住【开 / 关机】键和【Home】键几秒钟，直到出现 Apple 标志。

现象 3 设备复位仍不响应

还原设备设置。从主屏幕中选择【设置】➤【通用】➤【还原】➤【还原全部设置】命令。此时，所有偏好设置都会被还原，但数据和媒体不会被删除。

如果未能解决，可抹掉设备上的所有内容。

现象 4 扬声器不发出声音

扬声器不发出声音是因为 iPhone 4S 在耳机拔下后误以为耳机还是插入状态，当然扬声器就不会发出声音了，只需要用棉签之类的东西清理一下 iPhone 4S 的耳机插孔即可。

现象 5 接入外设耳机，没有声音

(1) 首先，确认耳机没有问题，是完好的，可拔下耳机，然后再连接到其他设备上进行检测。

(2) 确保耳机插头已插到 iPhone 4S 耳机接孔底部。

(3) 通过 iPhone 4S 音量调节键调大声音，检测是否因为静音原因。

(4) 使用棉签擦拭接口处，或尝试多次插拔耳机看是否解决。

(5) 检查是否已成功连接蓝牙耳机。如果未连接成功，请等待连接成功；如果成功，可关闭蓝牙耳机，重新连接。

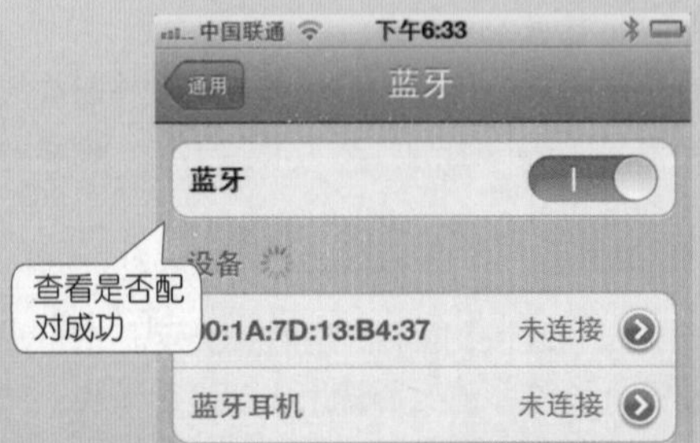

(6) 重启 iPhone 4S，然后再次接入。

现象 6 通话时声音小

(1) 检查 iPhone 4S 的音量设置，上下调整音量按钮。
(2) 检查来电时是否能够听到清晰的来电音乐，播放音乐时是否清晰，通话时语音是否正常。
(3) 检查是否是 iPhone 4S 的保护塑料薄膜盖住了扬声器和麦克风。
(4) 检查扬声器和麦克风处是否有异物堵塞。

秘技 49 iPhone 4S 的保养

拥有了 iPhone 4S，它的保养自然也是不容忽视的问题，从为它置办保护套、屏保，清洁等，从每一个细节着手去呵护它，保护它。

保养 1 为 iPhone 4S 购买保护套和贴膜

无论是在家使用，还是出门在外，iPhone 4S 保护套自然是不可少的，即使不小心摔地上了，还是不小心划一下，保护套都可以更好地保护 iPhone 4S。

保养 2 电池的正确使用

电池是 iPhone 4S 的“心脏”，是能量之源，我们需要用心呵护它，尽可能地延长它的使用寿命。

(1) iPhone 4S 使用时，环境温度适合在 0℃ ~35℃之间，在高于操作温度使用或充电时，会对电池造成很大的损害。不使用时，不要把 iPhone 4S 丢在炎热的车厢里。

(2) iPhone 4S 充电时，没有取下保护套会产生很多热量，从而影响电池的容量。如果充电时你发觉 iPhone 4S 表面温度变高，请先取下它的保护套再充吧！

(3) iPhone 4S 有很多设置选项，包括调节屏幕亮度，关闭蓝牙和 Wi-Fi 等，都可用来降低功耗，延长电池的使用时间。

(4) iPhone 4S 至少每个月经过一次充电循环，充满电后将电池完全用光，以保持适当的充电状态。要定期使用 iPhone 4S ，不要冷落它啊！

保养 3 清洁 iPhone 4S

iPhone 4S 用久了，上面就会滋生很多细菌，表面也会很脏，所以定期地清洁 iPhone 4S 必不可少。

(1) 清洁 iPhone 4S 时，要拔下所有电缆，关闭 iPhone 4S 。

(2) iPhone 4S 的屏幕上有疏油涂层，使用柔软、微湿且不起绒的布料擦拭，即可清除各种油迹。

(3) 用蘸有 75% 酒精的棉签，擦拭 iPhone 4S 除屏幕外的所有触脚及侧面。

(4) 在玩 iPhone 4S 之前和之后，一定要洗洗手，保持清洁。

提示

(1) 请勿使用窗户清洁剂、家用清洁剂、气雾喷剂、溶剂或研磨剂来清洁 iPhone 4S 。

(2) 不要用腐蚀性材料去摩擦屏幕，它会使 iPhone 4S 疏油涂层的拒油能力减弱，并可能划伤屏幕。

(3) 建议在刚买 iPhone 4S 时，就贴上屏幕保护膜，以免频繁的屏幕操作会刮伤屏幕。

第7篇

附录

常见的问题疑难，这些你知道吗？FAQ 100 例为你精彩呈现常见问题大集锦，是你解决问题的贴身专家。

常见疑难，一应俱全

秘技 50 FAQ 100 例

FAQ 001 iPhone 4S 水货和行货的区别是什么?

行货 iPhone 4S 指的是该品牌得到生产商认可，由某个商家取得代理权在指定的地方进行销售，并缴纳了税款。它的售后服务往往较有保障，产品的驱动程序、说明书、操作系统等的语言版本都符合当地情况。

水货 iPhone 4S，则没有正规的销售代理，通过非正规渠道流入国内手机市场，它与生产地无关，而与销售地有密切关联。水货手机版次繁多，有欧版、美版、港版等，它并不是假货，相对行货价格便宜，但在中国不享受全国联保。

FAQ 002 iPhone 4 和 iPhone 4S 的区别是什么?

iPhone 4S 可以说是 iPhone 4 的升级版，从外观上看并没有太大区别。iPhone 4S 硬件上进行了升级，采用了 A5 双核处理器和 800 万像素的摄像头，使 iPhone 4S 运行速度更流畅，拍照性能更卓越，并支持了 1080P HD 影片摄录。另外，iPhone 4S 增加了 Siri 语音助理功能，可以使用语音拨打电话、发送短信等，iPhone 4S 同时兼容 GSM 和 CDMA 网络制式。

FAQ 003 什么是 Wi-Fi？

Wi-Fi 是一种可以将个人电脑、手持设备（如 PAD、手机）等终端以无线方式互相连接的技术。它与 3G 或 2G 网络相比，其主要特性是网络传输速度快、稳定性高。

FAQ 004 iPhone 4S 使用什么操作系统?

iPhone 4S 的操作系统是基于 Linux 的 Mac OS 的移动版，一般简称 iOS，目前 iPhone 4S 最新系统版本为 iOS 5.1.1。

FAQ 005 如何查看 iPhone 4S 的保修期?

登录 https://selfsolve.apple.com/agreementWarrantyDynamic.do? 网站，输入 iPhone 4S 的序列号，即可查询。

在【设置】➤【通用】➤【关于本机】➤【序列号】中，即可查询序列号。

FAQ 006 iPhone 4S 标称的 16GB 怎么变为 14GB？

这就牵涉到 1000 还是 1024 数字上了，iPhone 4S 在生产中是采用十进制计算容量：1GB=1000MB，而 iPhone 4S 的系统则采用二进制计算容量：1GB=1024MB；另外，操作系统也会占用一部分内存，所以出现误差属于正常现象。

FAQ 007 RAM 是什么?

iPhone 4 和 iPhone 4S 的 RAM 都是 512MB。通俗讲,RAM 相当于电脑上的内存条，就是 iPhone 4S 的系统内存，有别于 ROM（物理内存，如 16GB 容量即指 ROM 容量）。

FAQ 008 首次使用 iPhone 4S 都需激活吗?

首次启动 iPhone 4S ，都需要联机进行激活。一般需要安装好 Micro-SIM 卡，并介入 Wi-Fi 网络进行激活，需要设置语言和地区、是否启用定位、网络设置即可激活 iPhone 4S。

FAQ 009 iPhone 4S 什么时候充电?

iPhone 4S 右上角的电量显示在 10% 左右，就需要充电了，尽量不要用到 iPhone 4S 提示电量低或 iPhone 4S 自动关机才充电。

FAQ010 【 Home 】键和【 Power 】键是指哪些按键?

【Home】键是指主屏幕下方的圆形按钮，主要用于返回主页的操作，所以称为【Home】键。而【Power】键是指【开 \ 关机】键，主要用于锁屏和开关机操作。

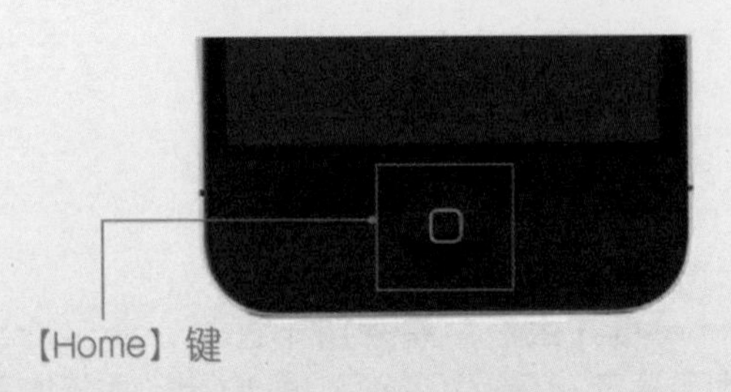

FAQ 011 iPhone 4S 的手指操作技巧都有哪些?

在 iPhone 4S 中，常用的手指操作技巧有如下几种。

(1) 单击：单击是 iPhone 4S 中最常用的操作之一，可以单击打开某个程序或对象。

(2) 双击：连续单击两次，在照片等对象中双击可以放大显示。

(3) 滑动：手指在屏幕上滑动，主要用于翻页。

(4) 拖动：按住某个部分，通过拖曳的方式来翻动页面，将对象移动到需要的地方。

(5) 缩放：两手指同时放在屏幕上，做出分开或收聚的动作，能够实现放大、缩小的效果，主要用于查看照片或浏览网页。

FAQ 012 如何拒接电话?

在屏幕为锁定状态下，单击【拒绝】按钮可挂断电话；在屏幕锁定状态下，连续按两次 Power 键可以拒绝来电。

FAQ 013 iPhone 4S 可以拆卸电池吗?

不可以，电池是内置的。

FAQ 014 iPhone 4S 可以更换电池吗?

可以。如果电池损坏，需要到苹果售后服务中心进行更换。

FAQ 015 iPhone 4S 可以使用电脑上的 USB 充电吗?

可以。电脑上的 USB 电压较低，充电速度与电源适配器相比较慢，而且容易充虚电。

FAQ 016 iPhone 4S 支持扩展内存吗?

苹果移动设备都不支持，因此 iPhone 4S 有 16GB、32GB、64GB 不同内存容量的。

FAQ 017 如何查看 iPhone 4S 的固件版本?

在【设置】➤【通用】➤【关于本机】➤【版本】中，即可查看 iPhone 4S 的版本。

FAQ 018 VPN 是什么?

虚拟专用网络的简称，指在公用网络上建立的专用网络技术。

FAQ 019 iCloud 是什么?

iCloud 是苹果公司推出的云端服务，方便了存放照片、应用软件、电子邮件、通讯录、日历和文档等内容，而且可以以无线的方式将它们推动到你所有的设备中。

FAQ 020 为什么我的 iPhone 4S 上没有 iCloud 功能？

iCloud 是 iOS 5.0 以上支持的功能，如果没有该功能，请将您的 iPhone 4S 升级到 iOS 5.0 以上版本。

FAQ 021 为什么 iPhone 4S 有信号，却无法上网？

需要对 iPhone 4S 的 APN 进行设置才能上网。

FAQ 022 iTunes 是什么？

iTunes 是一款数字媒体播放程序，在使用 iPhone 4S 过程用，可以用它购买程序、同步数据、备份设备等，是 iPhone 4S 与电脑间数据传输的重要桥梁。

FAQ 023 iTunes 可以备份哪些内容？

可以备份通讯录、电子邮件、Safari\ 多媒体、照片、网络配置信息及其他配置信息。

FAQ 024 充电时，iPhone 4S 外壳发热怎么办？

充电发热属于正常现象，建议在充电时将 iPhone 4S 保护套去掉，这样更利于 iPhone 4S 散热。

FAQ 025 iPhone 4S 如何截图?

按【Home】键和【Power】键即可快速截屏。

FAQ 026 iPhone 4S 如何重启?

同时按【Home】键和【Power】键直至黑屏，然后再按【Power】键即可。

FAQ 027 iPhone 4S 如何设置密码保护?

在【设置】➤【通用】➤【密码锁定】中设置密码保护。

FAQ 028 手势操作是什么?

手势操作一般主要指屏幕手势操作，如单击、双击、滑动、缩放等，另一种指在系统 iOS 5 中推出的自定义手势操作。

FAQ 029 iPhone 4S 如何创建自定义手势?

在【设置】➤【通用】➤【辅助功能】➤【AssistiveTouch】打开肢体活动功能，然后在【自定手势】下创建新手势，并设置即可。

FAQ 030 iPhone 4S 设备名称可以改吗？

可以，在【设置】➤【通用】➤【关于本机】中，单击【名称】选项，即可输入新的名称并更改。

FAQ 031 如何锁定大写字母？

FAQ 032 如何复制和粘贴？

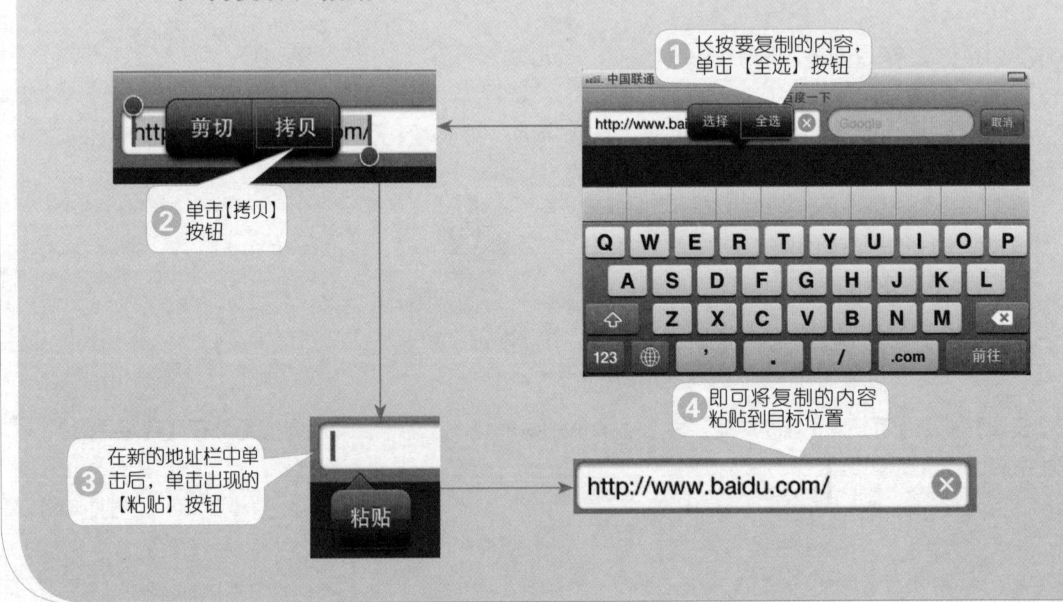

FAQ 033 如何撤销上一步操作?

FAQ 034 iPhone 4S 可以使用第三方输入法吗?

可以。iPhone 4S 必须越狱后，通过 Cydia 安装第三方输入法的插件即可。

FAQ 035 自动填充干什么用的?

在进入一些未访问过的网站，在需要填写自己的详细资料时，可以使用自动填充，快捷地填入自己的相关信息。

FAQ 036 如何使用 iPhone 4S 的自动填充功能?

在【通讯录】中建立与自己相关的联系人信息，然后在【设置】➤【Safair】中，选择【自动填充】，激活【使用联络信息】按钮和【名称和密码】按钮，在【我的信息】中选择联系人，在网站中注册信息时，可单击虚拟键盘上的【自动填充】按钮，将所选通讯录中的个人信息填充到注册的信息页面。

FAQ 037 iPhone 4S 可以通过 Safair 下载文件吗?

不支持下载。

FAQ 038 使用 iPhone 4S 必须要注册 Apple ID 吗?

Apple ID 是体验苹果服务、获取资源的通行证，如购买程序、使用 iCloud、家庭共享、Facetime 等。

FAQ 039 iPhone 4S 在哪里下载应用程序?

可以使用 iPhone 4S 上自带的 App Store 程序下载程序，也可在 iTunes 中的 iTunes Store 中下载，二者都需要 Apple ID 方可购买，可在 iTunes 中进行注册。

FAQ 040 如何购买收费应用程序?

如果申请的是中国账号，必须将 Apple ID 与您的信用卡（支持 VISA）绑定才可购买，购买程序时，将从信用卡中扣除费用。如果是免信用卡美国账号，可购买充值卡 iTunes Gift Card 为账号充值即可购买。

FAQ 041 从论坛中下载的应用程序无法安装?

从论坛中下载的应用程序是用网友的账号购买的，而这些账号没有对你的电脑进行授权，因此这些下载的程序也就无法在你的电脑上同步。

FAQ 042 在 iTunes 中同步程序时，提示要对电脑授权怎么办?

在 iTunes 中单击【Store】➤【对这台电脑授权】，然后在弹出的对话框中输入购买程序的 Apple ID 账号和密码，单击【授权】按钮即可。

FAQ 043 如何将应用程序移动到其他屏幕上？

在 iPhone 4S 主屏幕上按住某个程序图标 2 秒后松手，所有图标开始抖动，即可拖动图标到其他屏幕上进行排序。

FAQ 044 如何将应用程序放到一个文件夹中？

在 iPhone 4S 主屏幕上按住某个程序图标 2 秒后松手，所有图标开始抖动，然后手指按住一个图标，将其拖到另一个图标上，直到产生一个文件夹，松开手指，在文件夹中输入名称即可。

FAQ 045 为什么不能把程序图标放入到文件夹中？

如果不能把某个程序图标拖到已创建好的文件夹中，可能有以下两种情况：

(1) 拖入文件夹时，没有把程序图标正确地放置到文件夹上方，或者在拖动的过程中过早松手。

(2) 拖动操作完全正确，但仍不能把程序放入到指定文件夹中，可能是因为文件夹中程序个数过多，只有将其中的程序移出文件夹后，才可以拖入新的程序。

FAQ 046 如何彻底关闭应用程序？

双击【Home】键，在下方的列表中按住要关闭的应用程序，直至图标开始抖动并出现⊖按钮，然后单击该按钮将其关闭。

FAQ 047 如何删除 iPhone 4S 上的程序？

在主屏幕上按住要删除的游戏图标，直至程序图标开始抖动并在左上方出现⊗按钮，然后单击该按钮，删除即可。

FAQ 048 如何防止他人误操作购买付费程序？

在【设置】➤【通用】➤【访问限制】中，打开访问限制，单击【安装应用程序】右侧的按钮，设置为不允许状态即可。

FAQ 049 iPhone 4S 可以运行 New iPad 上的程序吗？

不可以。

FAQ 050 如何锁定屏幕防止翻转？

双击【Home】键，下方会显示应用程序栏，然后向右滑动，此时单击旋转按钮，将其锁定即可。

FAQ 051 不小心按住【Home】键，不想退出当前程序怎么办？

若不想退出当前程序，需要继续按住【Home】键不放，持续大约 5 秒钟，再放开手指，就不会退出程序。

FAQ 052 iPhone 4S 每次连接 iTunes 都会自动同步，如何取消？

打开 iTunes，在【编辑】➤【偏好设置】➤【设备】中，勾选【防止 iPod、iPhone 和 iPad 自动同步】选项，单击【确定】按钮即可。

FAQ 053 如何向 iTunes 资料库中添加媒体文件？

打开 iTunes，在【文件】选项中，单击【将文件添加到资料库】或【将文件夹添加到资料库】，然后将电脑中的媒体文件添加到资料库中，也可将媒体文件直接拖曳到资料库中。

FAQ 054 如何使用家庭共享？

打开 iTunes，在【高级】➤【打开家庭共享】中，输入 Apple ID 账号和密码，单击该页面上的【创建家庭共享】按钮，打开家庭共享。在同一局域网中的另一台电脑上，打开该电脑的家庭共享，账号和密码与另一台电脑保持一致即可。

FAQ 055 如何删除 Safari 中的书签？

在 Safair 浏览器中，打开想要添加书签的网页后单击按钮，在弹出的列表中选择【添加书签】选项进行添加。

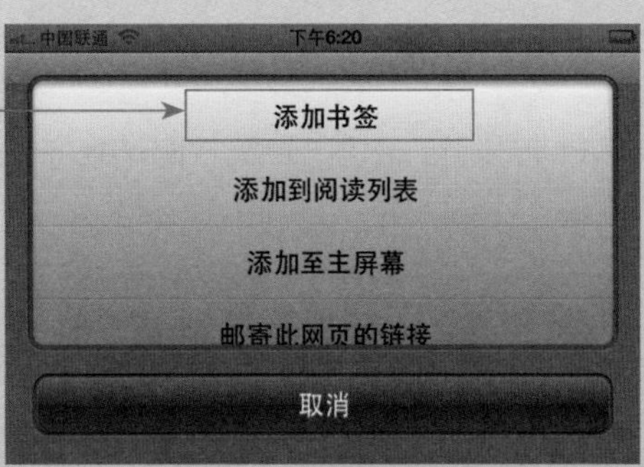

FAQ 056 如何清除浏览器上的历史记录?

在 Safair 浏览器中单击📖按钮，在弹出的列表中选择【历史记录】，然后单击【清除历史记录】按钮即可。

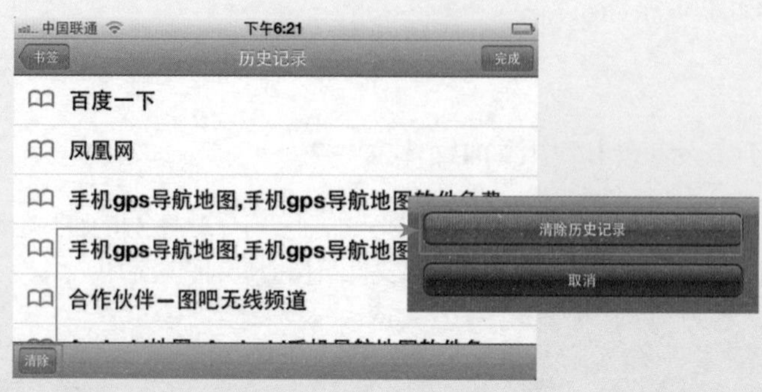

FAQ 057 iPhone 4S 支持哪些电子格式书?

iPhone 4S 支持的电子书格式主要有 EPUB、PDF、TXT 和 CEBX 等。

FAQ 058 iPhone 4S 支持那些音、视频格式文件?

音频格式支持 AAC、MP3、VBR、AIFF 和 WAV 格式；视频格式支持 VGAA、MP4、MOV 和 MPEG 格式。

FAQ 059 iPhone 4S 支持哪些图片格式?

iPhone 4S 支持的格式有 JPG、TIFF 和 GIF 格式。

FAQ 060 iPhone 4S 支持网页游戏吗?

不支持。iPhone 4S 不支持 Flash 和 Java。

FAQ 061 iPhone 4S 可以在网页上听音乐、看视频吗？

由于 iPhone 4S 不支持 Flash 和 Java，及部分网站兼容问题，因此，一些网站支持，而一些网站并不支持。

FAQ 062 iPhone 4S 可以存储多少首音乐？

一般歌曲文件大小并不一致，优质歌曲容量较大，劣质容量较小，如果按照每首歌曲 5MB 的大小计算的话，16GB 容量的 iPhone 4S 大约可以存储 2800 首歌曲。

FAQ 063 RMVB 的高清电影 iPhone 4S 能播放吗？

可以播放。可以下载一些万能播放器进行播放，如迅雷看看、QQ 影音、暴风影音等。

FAQ 064 如何在 iPhone 4S 上删除歌曲？

在音乐列表中按住该歌曲名称，向右或向左滑动，即可弹出【删除】按钮，单击【删除】按钮即可。

FAQ 065 iPhone 4S 邮件中可以播放音频文件吗？

可以播放 MP3 格式的附件。

FAQ 066 iPhone 4S 如何保存游戏进度？

可以通过 iTunes【备份】功能保存进度，也可开启 iCloud，在接入 WLAN 网络的情况下，自动备份游戏进度。

FAQ 067 iPhone 4S 支持 Word、Excel 等办公文件吗？

不支持，但可以通过安装软件实现，如 iWork 等办公软件。

FAQ 068 iPhone 4S 有文件管理器吗？

没有，越狱后可以安装 iFiels 管理设备中的文件。

FAQ 069 iPhone 4S 需要杀毒软件吗？

不需要。iPhone 4S 的操作系统是一个封闭的系统，不对设备进行越狱，iPhone 4S 是及其安全的。

FAQ 070 如何打开 iPhone 4S 的通知栏？

手指按住屏幕顶部的时间显示栏，向下拖动，即可调出通知栏。

FAQ 071 什么是越狱（JailBreak）？

苹果手持设备越狱是指利用 iOS 系统的某些漏洞，通过指令获得系统的所有操作权限，修改系统的程序，突破 Apple 的封闭环境。

FAQ 072 越狱有什么弊端？

越狱会给我们带来很多风险。

1. 稳定性变差。网络上下载的软件兼容性差，往往出现应用程序无法运行的现象，白苹果现象出现的概率也变大。
2. 故障率变高。获得系统权限的同时，也伴随着系统崩溃的危险。
3. 安全性降低。越狱相当于修改了系统，使机器处于暴露状态，账号安全受到极大的威胁。
4. 不予以保修。需要自己承担越狱后的相关风险，苹果公司对越狱后的设备是不提供保修服务的。

FAQ 073 什么是 Cydia？

Cydia 是一个类似苹果在线软件商店 iTunes Store 的软件平台的客户端，它是在越狱的过程中被装入到系统中的，其中多数为 iPhone、iPod Touch、iPad 的第三方软件和补丁，主要用于弥补系统不足用。

FAQ 074 什么是刷机？

刷机就是重装系统，使 iPhone 4S 回到原始状态，一般所说的升级、降级都可统称为刷机。

FAQ 075 什么是自定义固件？

自定义固件是通过工具给苹果官方固件打上解锁、激活、补丁等，用户可通过 iTunes 恢复自定义固件。

FAQ 076 如何进入 DFU 模式？

DFU 模式主要用于苹果设备固件的强制升降级操作。在 iPhone 4S 待机状态下，按住【开 / 关机】键和【Home】键，持续到第 10 秒，立即松开【开 / 关机】键，并继续按住【Home】键，这个时候 iTunes 会提示发现一个恢复模式，设备会一直保持黑屏状态。

FAQ 077 什么是白苹果？

白苹果就是开机时出现白苹果画面，但是如果一直停留在此，而无法进入系统，那就是白苹果了。

FAQ 078 SHSH 是什么？

SHSH 是苹果官方服务器根据每台设备的识别码和当前版本的系统运算得来的一个签名文件，和设备是一 一对应的。备份 SHSH 会保存在苹果公司的服务器上 ,而 Cydia 保存的 SHSH 也是从苹果公司提取的。

FAQ 079 为什么要备份 SHSH？

SHSH 主要用来通过恢复固件时的官方验证，好比是一把唯一的钥匙，只有正确的钥匙才能打开重刷固件的锁。如果苹果公司关闭了对旧版本固件的验证，此时我们又想恢复较早的版本固件，那么 SHSH 就派上了用场。我们需要绕开官方服务器的验证，向非官方服务器（如 Cydia 服务器）发送申请，这个服务器就会同意恢复你备份的较早版本。

FAQ 080 使用了还原功能，为什么就出现白苹果了？

越狱后，使用 iPhone 4S 的还原功能很容易造成白苹果现象，所以不建议越狱后使用还原功能。

FAQ 081 iPhone 4S 出现异常不能关机了怎么办？

可以长按【Home】键和【开 / 关机】键直到重启。

FAQ 082 iPhone 4S 无法开机了怎么办？

大多由于没电导致的，可尝试充电再行开启。

FAQ 083 iPhone 4S 装机必备哪些软件？

首次使用 iPhone 4S 可以安装的软件有：iBooks、QQ、酷我听听、UC 浏览器、爱飞信、新浪微博、老虎地图、美图秀秀、奇艺影视、水果忍者、愤怒的小鸟等。

FAQ 084 什么看书软件好？

iBooks：Apple 官方推出的阅读软件，精美的书架浏览，翻阅、浏览方便；
Stanza：功能强大、可添加书源多；
ShuBook：简繁转换快、图书资源多。

FAQ 085 什么看漫画软件好？

漫画无限：操作简单方便，内容丰富；
漫画控：最为热门的漫画阅读器，漫画质量好；
搜漫画：漫画资源相当丰富，更新速度好；
漫画世界：简单易用、方便上传下载。

FAQ 086 什么杂志阅读器好？

沃杂志：创新、时尚、资讯实时更新；
VIVA 畅读：种类齐全，每天更新杂志多且快；
中文杂志 HD：资源丰富、分类详细，但更新较慢。